HAUPTSCHULE 2012

Original-
Prüfungsaufgaben

Lösungen

Mathematik
Deutsch · Englisch

Hessen
2007 – 2011

STARK

Umschlagbild: © PhotoCase.de; © www.sxc.hu; © www.sxc.hu, Grant Berkeley

ISBN 978-3-89449-749-1

8. ergänzte Auflage
www.stark-verlag.de

Inhalt

Lösungen Mathematik

Lösungen Deutsch

Lösungen Englisch

Vorwort

Liebe Schülerin, lieber Schüler,

dieses Buch ist das Lösungsbuch zu dem Band *Original-Prüfungsaufgaben Mathematik, Deutsch, Englisch* (Titel-Nummer 63400). Es enthält ausführliche Lösungen von unseren Autoren zu den Original-Prüfungsaufgaben des Hauptschulabschlusses.

Die Lösungen ermöglichen es dir, deine Leistung einzuschätzen. Bei den Aufsätzen handelt es sich um **Lösungsvorschläge**. Das heißt, dass auch andere Lösungen als die hier abgedruckten richtig sein können. Wichtig ist aber, dass du die Arbeitsaufträge **vollständig** und **richtig** bearbeitest. Die hier abgedruckten Vorschläge sollen dir als Orientierungshilfe bei der selbstständigen Bearbeitung der Aufgaben dienen.

Du findest bei allen Lösungsvorschlägen zusätzlich wertvolle Hinweise und Tipps. Sie verraten dir schrittweise, wie du am besten vorgehst und worauf du beim Lösen der jeweiligen Aufgabe besonders achten musst. Mithilfe dieser Tipps kannst du zunächst eine eigene Lösung formulieren, die du hinterher mit der angebotenen Lösung vergleichst.

Viel Erfolg bei den Prüfungen!

Autoren der Lösungen:
Mathematik: Petra Koch
Deutsch: Karin Marré-Harrak, Renate Radloff-Graß
Englisch: Katharina Menzel

Abschlussprüfung an Hauptschulen in Hessen 2007
Mathematik

1. Teil (ohne Taschenrechner)

1. Teil – Aufgabe 1

Die Flusspferdmutter ist **15**-mal so schwer wie ihr Baby.

Erklärung der Lösung:
3 t = 3 000 kg — Hinweis: 1 t = 1 000 kg
3 000 kg : 200 kg = 15

1. Teil – Aufgabe 2

a) Er wird **3** Stunden und **26** Minuten unterwegs sein.

Erklärung der Lösung:

von 8.35 Uhr bis 9.00 Uhr =	25 min
von 9.00 Uhr bis 12.00 Uhr =	3 h
von 12.00 Uhr bis 12.01 Uhr =	1 min
Summe	3 h 26 min

b) Er hat **27** Minuten Zeit zum Umsteigen.

Erklärung der Lösung:
von 9.33 Uhr bis 10.00 Uhr = 27 min

1. Teil – Aufgabe 3

- ☐ $2x - 8 = 40$
- ☐ $2 \cdot x \cdot 8 = 40$
- ☐ $2 + 8x = 40$
- ☒ $2x + 8 = 40$
- ☐ $2 + x + 8 = 40$

Erklärung der Lösung:
Das Doppelte einer Zahl ist $2 \cdot x$, kurz 2x.
8 addieren bedeutet + 8.
Dann erhältst du 40 bedeutet = 40.

1. Teil – Aufgabe 4

$$
\begin{array}{r}
12{,}9 \cdot 0{,}75 \\
\hline
9\,{}^{2}0\,{}^{6}3 \\
6\,{}^{1}4\,{}^{4}5 \\
\hline
9{,}675
\end{array}
$$

Erklärung der Lösung:
Multipliziere, ohne auf das Komma zu achten.
Das Ergebnis hat so viele Stellen nach dem Komma, wie die beiden Dezimalbrüche zusammen Stellen nach dem Komma haben.

1. Teil – Aufgabe 5

	Aufgabe				
a)	$1 + 2 \cdot (3 + 4) =$	11 ☐	13 ☐	15 ☒	21 ☐
b)	$-54 - 54 =$	–108 ☒	0 ☐	54 ☐	108 ☐
c)	$\frac{1}{4}$ von 200 € =	40 € ☐	50 € ☒	100 € ☐	160 € ☐
d)	3 000 · 2 Mio. =	60 Mio. ☐	600 Mio. ☐	6 Mrd. ☒	60 Mrd. ☐
e)	$10^4 =$	40 ☐	1 000 ☐	10 000 ☒	40 000 ☐
f)	$\sqrt{16+9} =$	25 ☐	13 ☐	7 ☐	5 ☒

Erklärung der Lösung:

a) Was in Klammern steht, wird zuerst gerechnet.
Punktrechnung geht vor Strichrechnung.

$$
\begin{aligned}
& 1+2\cdot\underbrace{(3+4)} \\
&= 1+\underbrace{2\cdot\ 7} \\
&= 1+\ 14 \\
&= \underline{\underline{15}}
\end{aligned}
$$

b) Zwei Zahlen mit gleichem Vorzeichen werden zusammengefasst, indem man das gemeinsame Vorzeichen beibehält und die Zahlen addiert.

$-54 - 54 = -(54 + 54) = \underline{\underline{-108}}$

c) $\frac{1}{4}$ bedeutet der 4. Teil.

$200 : 4 = \underline{\underline{50}}$

d) Million bedeutet 6 Nullen.
Milliarde bedeutet 9 Nullen.
$3\,000 \cdot 2\,000\,000 = 6\,000\,000\,000 = \underline{\underline{6 \text{ Mrd.}}}$

e) $10^4 = 10 \cdot 10 \cdot 10 \cdot 10 = \underline{\underline{10\,000}}$

f) $\sqrt{16+9} = \sqrt{25} = \underline{\underline{5}}$

1. Teil – Aufgabe 6

a) 25 % ☐ 20 % ☒ 10 % ☐ 5 % ☐ 2 % ☐

Erklärung der Lösung:
2 von insgesamt 10 Blöcken sind grau.

2 von 10 bedeutet: $\frac{2}{10} = \frac{20}{100} = \underline{\underline{20\,\%}}$

oder: Du löst mit dem Dreisatz:

	Anzahl der Blöcke	Prozent	
: 10	10	100 %	: 10
· 2	1	10 %	· 2
	2	$\underline{\underline{20\,\%}}$	

b) $\frac{1}{5}$ ☐ $\frac{4}{5}$ ☒ $\frac{3}{4}$ ☐ $\frac{2}{3}$ ☐ $\frac{1}{4}$ ☐

Erklärung der Lösung:

Grau sind 2 von 10, also $\frac{2}{10} = \frac{1}{5}$.

Alle 10 Blöcke, also das Ganze, sind $\frac{5}{5}$.

Anteil der weißen Blöcke: $\frac{5}{5} - \frac{1}{5} = \underline{\underline{\frac{4}{5}}}$

oder: Du löst mit dem Dreisatz:

	Anzahl der Blöcke	Bruch	
: 10	10	1	: 10
· 8	1	$\frac{1}{10}$	· 8
	8	$\frac{8}{10} = \underline{\underline{\frac{4}{5}}}$	

1. Teil – Aufgabe 7

Das Gewinde ist **4** cm lang.

Erklärung der Lösung:

$\frac{1}{3}$ von 6 cm bedeutet 6 cm : 3 = 2 cm ist glatt.

Länge des Gewindes: 6 cm – 2 cm = $\underline{\underline{4\text{ cm}}}$

1. Teil – Aufgabe 8

Flächeninhalt der Oberseite einer CD	110 cm^2
Länge eines Tisches	115 cm
Durchmesser einer 1 Euro-Münze	23 mm
Flächeninhalt eines Rechenkästchens auf deinem Reinschriftpapier	25 mm^2

Erklärung der Lösung:

Flächeninhalt der Oberseite einer CD

Es kommen nur die Größenangaben mit Flächeneinheiten infrage:
$25\ cm^2$, $110\ cm^2$, $1\ cm^2$, $25\ mm^2$
$1\ cm^2$ und $25\ mm^2 = 0{,}25\ cm^2$ sind viel zu klein.
Auch $25\ cm^2$ ist noch zu klein, denn diese Angabe entspricht einem Quadrat von 5 cm mal 5 cm. Eine CD ist größer als dieses Quadrat.
Also bleibt nur $110\ cm^2$ übrig.

oder:

Eine CD ist ein Kreis. Die Fläche eines Kreises berechnet sich nach der Formel $A = \pi \cdot r^2$.
Eine CD hat schätzungsweise einen Durchmesser von 12 cm.
$d = 12\ cm \Rightarrow r = 6\ cm$
$\pi \approx 3$
$A = \pi \cdot r^2 \approx 3 \cdot 6\ cm \cdot 6\ cm = 108\ cm^2$
In der Nähe dieses Ergebnisses liegt die Größenangabe $110\ cm^2$.

Länge des Tisches

Es kommen nur die Größenangaben mit Längeneinheiten infrage:
10 cm, 23 mm, 115 cm
10 cm und 23 mm = 2,3 cm sind zu klein.
115 cm = 1,15 m ist das passende Maß.

Durchmesser einer 1 Euro-Münze

Verbleibende Längeneinheiten: 10 cm, 23 mm
10 cm ist zu groß.
23 mm = 2,3 cm ist der Durchmesser der Münze.

Flächeninhalt eines Rechenkästchens

Ein Rechenkästchen ist ein Quadrat mit 5 mm Seitenlänge.
$A = a \cdot a = 5\ mm \cdot 5\ mm = 25\ mm^2$

1. Teil – Aufgabe 9

Der Umfang beträgt **440** cm.

Erklärung der Lösung:
Der Umfang ist die Summe aller Seiten.

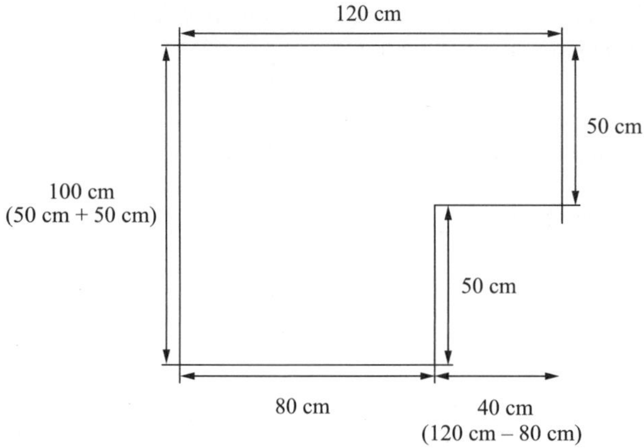

$u = 80\ \text{cm} + 50\ \text{cm} + 40\ \text{cm} + 50\ \text{cm} + 120\ \text{cm} + 100\ \text{cm}$

$\underline{\underline{u = 440\ \text{cm}}}$

oder:
Ergänze die Figur durch Verschieben zweier Seiten zu einem Rechteck und benutze die Umfangsformel für Rechtecke.

$u = 2 \cdot a + 2 \cdot b$

$u = 2 \cdot 120\ \text{cm} + 2 \cdot 100\ \text{cm}$

$\underline{\underline{u = 440\ \text{cm}}}$

1. Teil – Aufgabe 10

Das Netz **D** gehört zu dem abgebildeten Würfel.

Erklärung der Lösung:
Das Kreuz ist der Boden des Würfels.
B und C entfallen, da jeweils halbe Würfelflächen grau ausgemalt sind.
A entfällt, da zwei graue Flächen an der rechten Ecke des Bodens zusammentreffen.
E entfällt, da sich nur zwei von drei grauen Flächen an der rechten oberen Ecke treffen.

2. Teil (mit Taschenrechner)

Lösungs-Tipps zum 2. Teil

Die folgenden Tipps verraten dir schrittweise einen möglichen Lösungsweg. Lies also den zweiten Tipp erst, wenn du mit dem ersten nicht weitergekommen bist.

Tipp zu Aufgabe 1

- Berechne den Preis für eine Waffel bei allen drei Personen.

Tipps zu Aufgabe 2

- Stelle einen Bezug zu der Größe des Mannes her, um einen Schätzwert für die Höhe zu finden.
- Was für ein mathematischer Körper ist ein Container?

Tipps zu Aufgabe 3

a)

- Beachte beim Zeichnen des Kreises den vorgegebenen Radius.
- Denke daran: $100\,\% \mathrel{\hat{=}} 360°$

  $\frac{1}{8}$ von 100 % ist der 8. Teil von 100 %.
- Beschrifte das Kreisdiagramm mit Prozentsatz oder Bruch und Text.

b)

- Ermittle zuerst, wie viel Prozent keine Angaben machten.
- Rechne mit dem Dreisatz die Anzahl der Schüler aus.

Tipps zu Aufgabe 4

- Rechne in zwei Schritten mit dem Dreisatz.
- Berechne zuerst 9 % von der Gesamtschülerzahl.
- Berechne dann 22 % von den Teilnehmern am Mathematikwettbewerb.

Tipps zu Aufgabe 5

- Welche Körper erkennst du in dem Bild?
- Berechne das Volumen dieser Körper.
- Bilde die Summe der Volumina, um das Gesamtvolumen der drei Körper zu erhalten.

Tipps zu Aufgabe 6

- Fasse auf der linken Seite der Gleichung alle Glieder ohne Variable zusammen.
- Ordne, indem du alle Glieder mit Variable nach links und alle Glieder ohne Variable nach rechts bringst.
- Isoliere die Variable.

Tipps zu Aufgabe 7

- Fertige dir eine Skizze mit Beschriftung an.
- Gesucht ist die Höhe im gleichschenkligen Dreieck.
- Die Höhe teilt das gleichschenklige Dreieck in zwei rechtwinklige Dreiecke.
- Kennzeichne die Hypotenuse und die Katheten der rechtwinkligen Dreiecke in deiner Skizze. Wie lang sind diese?
- Stelle den Satz des Pythagoras für deine beschriftete Skizze auf und berechne die gesuchte Höhe.

Tipps zu Aufgabe 8

- Gefäß A ist unten breit und oben schmal. Bei Gefäß A wird das Wasser am Anfang langsam ansteigen; je schmaler das Gefäß wird, desto schneller steigt die Höhe des Wasserstandes.
- Gefäß B ist unten schmal und oben breit. Bei Gefäß B wird das Wasser am Anfang schnell ansteigen; je breiter das Gefäß wird, desto langsamer steigt die Höhe des Wasserstandes.
- Gefäß C ist ein Zylinder. Der gleichbleibende Querschnitt bewirkt eine konstante Steigung > 0.

Tipps zu Aufgabe 9

a)

- Da $a = b$ gilt, folgt $\alpha = \beta$.
- Zeichne die Höhe ein und miss sie genau.

b)

- Setze die gegebenen Werte in die Formel für den Flächeninhalt eines Dreiecks ein und stelle nach h_c um.

c)

- Setze die gegebenen Werte in die Formel für den Flächeninhalt eines Dreiecks ein und stelle nach c um.

d)

Höhe und Flächeninhalt sind zueinander proportional. Verdoppelt, verdreifacht usw. man die Höhe, so verdoppelt, verdreifacht usw. sich auch der Flächeninhalt, wenn die Grundseite gleich bleibt.

Tipps zu Aufgabe 10

a)

Zähle die grauen und die gestreiften Felder.

b)

Wie viele Felder hat das Glücksrad insgesamt?

Wie viele Felder davon sind kariert?

c)

Stelle fest, welche Farbe (Felder) am häufigsten vorkommt.

d)

Ermittle mit welcher Wahrscheinlichkeit ein schwarzes Feld getroffen wird.

Jeder wievielte Treffer ist ein Gewinn?

Vergleiche die Einnahmen mit den Auszahlungen.

Tipps zu Aufgabe 11

a) b)

Die 1. Koordinate eines Punktes ist der x-Wert, die 2. Koordinate ist der y-Wert.

c)

Zerlege die Figur in Teilflächen.

Bestimme die notwendigen Seitenlängen aus dem Koordinatensystem.

Günstig sind Längen, die parallel zur x- und y-Achse liegen.

Tipps zu Aufgabe 12

a)

Berechne zuerst, wie viel Euro er in einem Jahr ausgeben würde.

b)

Beachte: $\frac{1}{4}$ bedeutet der 4. Teil.

c)

Berechne mit dem Dreisatz die Jahreszinsen und dann erst die Zinsen für einen Monat.

Lösungen zum 2. Teil

2. Teil – Aufgabe 1

$$:5 \left(\begin{array}{ll} \text{5 Waffeln kosten} & 6{,}75\ €. \\ \text{1 Waffel kostet} & 1{,}35\ €. \end{array} \right) :5$$

$$:7 \left(\begin{array}{ll} \text{7 Waffeln kosten} & 10{,}15\ €. \\ \text{1 Waffel kostet} & 1{,}45\ €. \end{array} \right) :7$$

$$:3 \left(\begin{array}{ll} \text{3 Waffeln kosten} & 4{,}05\ €. \\ \text{1 Waffel kostet} & 1{,}35\ €. \end{array} \right) :3$$

Die Person **B** rechnet falsch.

2. Teil – Aufgabe 2

gegeben: Breite: $b = 2{,}5\text{ m}$ gesucht: Volumen eines Quaders

Höhe: $c = 2{,}5\text{ m}$

Länge: $a = 2{,}5 \cdot \text{Breite}$

$a = 2{,}5 \cdot 2{,}5\text{ m}$

$a = 6{,}25\text{ m}$

Lösung:

$$V = a \cdot b \cdot c$$
$$V = 6{,}25\text{ m} \cdot 2{,}5\text{ m} \cdot 2{,}5\text{ m}$$
$$V = 39{,}0625\text{ m}^3$$
$$\underline{\underline{V \approx 39\text{ m}^3}}$$

Hinweis:
Zu den Schätzwerten kommst du, indem du die Größe des Mannes (ca. 1,80 m) auf die Höhe des Containers beziehst.
Als geschätzte Breite bzw. Höhe wird jede Angabe zwischen 2 m und 2,8 m akzeptiert.
Als geschätzte Länge wird jede Angabe zwischen 5 m und 7 m akzeptiert.
Beachte bei dieser Aufgabe, dass dein Ergebnis von dem gerechneten Beispiel abweichen kann, falls du andere Ausgangsmaße gewählt hast.

2. Teil – Aufgabe 3

a) Den Prozentsätzen entsprechen im Kreisdiagramm folgende Winkel:

$100\,\% \mathrel{\hat{=}} 360°$

$50\,\% \mathrel{\hat{=}} 180°$

$25\,\% \mathrel{\hat{=}} 90°$

$\frac{1}{8}$ von $360° = 360° : 8 = 45°$

Kreisdiagramm mit r = 5 cm:

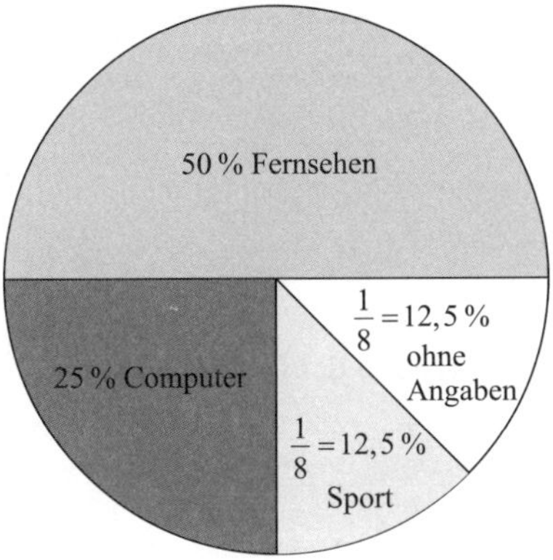

Zeichnung hier im Maßstab 1 : 2

b) $\frac{1}{8}$ von 100 % bedeutet 100 % : 8 = 12,5 %.

100 % – 50 % – 25 % – 12,5 % = 12,5 %

12,5 % machten keine Angaben.

	Prozent	Anzahl der Schüler	
: 100	100 %	480	: 100
· 12,5	1 %	4,8	· 12,5
	12,5 %	$\underline{\underline{60}}$	

60 Schülerinnen und Schüler machten keine Angaben.

2. Teil – Aufgabe 4

9 % von 670 000 Schülern:

	Prozent	Schüler	
: 100	100 %	670 000	: 100
· 9	1 %	6 700	· 9
	9 %	60 300	

60 300 Schüler nahmen am Mathematikwettbewerb teil.

22 % von 60 300 Schülern:

	Prozent	Schüler	
: 100	100 %	60 300	: 100
· 22	1 %	603	· 22
	22 %	13 266	

13 266 Schülerinnen und Schüler rechneten die Aufgaben der Gruppe C.

2. Teil – Aufgabe 5

gegeben: $d = 3\text{ cm} \Rightarrow r = 1{,}5\text{ cm}$ gesucht: V_{gesamt}
$h_1 = 8\text{ cm}$
$h_2 = 5\text{ cm}$
$h_3 = 3\text{cm}$

Lösung: $V_{Zylinder} = \pi \cdot r^2 \cdot h$

$V_{Zylinder_1} = \pi \cdot (1{,}5\text{ cm})^2 \cdot 8\text{ cm}$
$\underline{\underline{V_{Zylinder_1} \approx 56{,}5\text{ cm}^3}}$

$V_{Zylinder_2} = \pi \cdot (1{,}5\text{ cm})^2 \cdot 5\text{ cm}$
$\underline{\underline{V_{Zylinder_2} \approx 35{,}3\text{ cm}^3}}$

$V_{Zylinder_3} = \pi \cdot (1{,}5\text{ cm})^2 \cdot 3\text{ cm}$
$\underline{\underline{V_{Zylinder_3} \approx 21{,}2\text{ cm}^3}}$

$V_{gesamt} \approx 56{,}5\text{ cm}^3 + 35{,}3\text{ cm}^3 + 21{,}2\text{ cm}^3$
$\underline{\underline{V_{gesamt} \approx 113\text{ cm}^3}}$

Das Gesamtvolumen der drei Körper beträgt 113 cm^3.

2. Teil – Aufgabe 6

$$3 + 2x + 9 = 24 - 4x \quad | \text{ zusammenfassen}$$
$$12 + 2x = 24 - 4x \quad | +4x$$
$$12 + 6x = 24 \quad | -12$$
$$6x = 12 \quad | :6$$
$$\underline{\underline{x = 2}}$$

2. Teil – Aufgabe 7

Skizze:

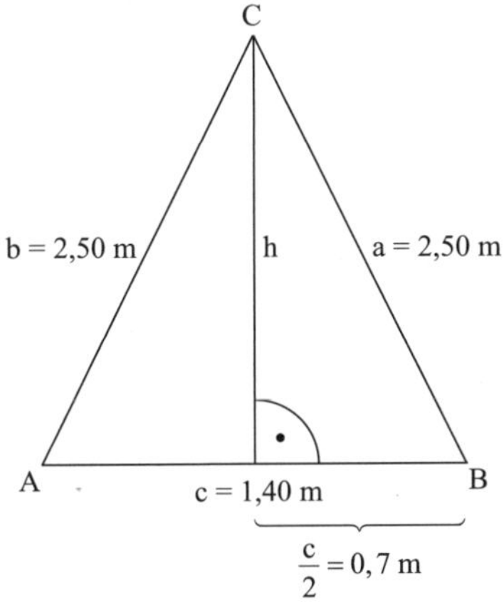

Hinweis:
Es handelt sich um ein gleichschenkliges Dreieck (a = b).
Die Höhe h halbiert die Seite c.

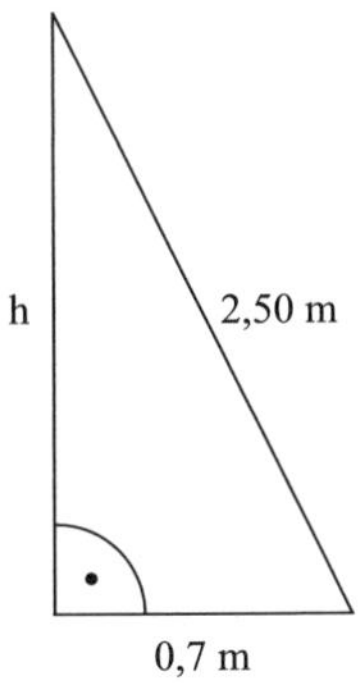

Hinweis:

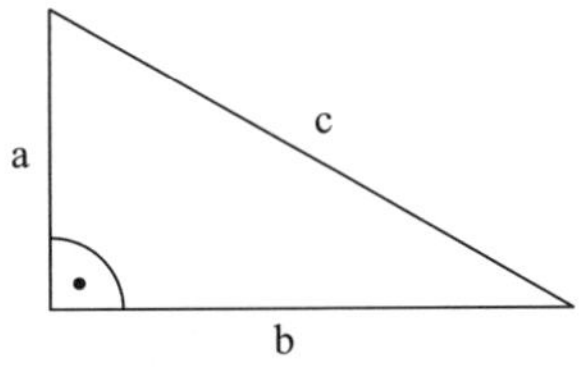

$c^2 = a^2 + b^2$

Satz des Pythagoras:

$$(2{,}5\ \text{m})^2 = h^2 + (0{,}7\ \text{m})^2$$

$$6{,}25\ \text{m}^2 = h^2 + 0{,}49\ \text{m}^2 \quad |\ -0{,}49\ \text{m}^2$$

$$6{,}25\ \text{m}^2 - 0{,}49\ \text{m}^2 = h^2$$

$$h^2 = 5{,}76\ \text{m}^2 \quad |\ \sqrt{\ }$$

$$\underline{\underline{h = 2{,}40\ \text{m}}}$$

Der höchste Punkt der Leiter ist 2,40 m hoch.

2. Teil – Aufgabe 8

Zu Gefäß **A** passt Graph **2**.
Zu Gefäß **B** passt Graph **3**.
Zu Gefäß **C** passt Graph **1**.

2. Teil – Aufgabe 9

a) Zeichnung:

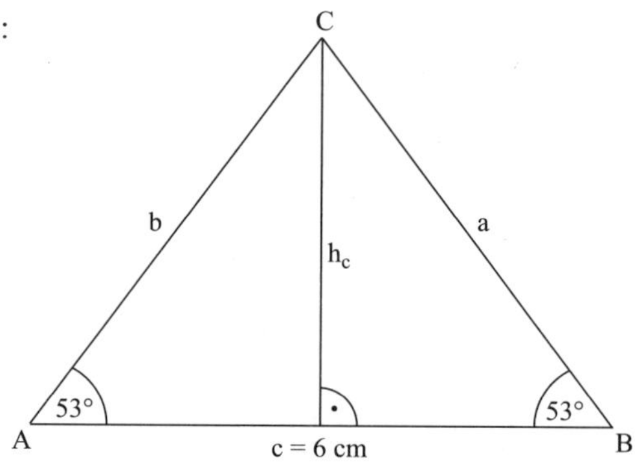

$a = b \Rightarrow \alpha = \beta$

gegeben: $c = 6$ cm
$h_c = 4$ cm (gemessen)

gesucht: A

Lösung:

$$A = \frac{c \cdot h_c}{2}$$

$$A = \frac{6\ \text{cm} \cdot 4\ \text{cm}}{2}$$

$$\underline{\underline{A = 12\ \text{cm}^2}}$$

b) gegeben: $c = 6\ \text{cm}$ gesucht: h_c
$A = 6\ \text{cm}^2$

Lösung:

$$A = \frac{c \cdot h_c}{2}$$

$$6\ \text{cm}^2 = \frac{{}^{3}\not{6}\ \text{cm} \cdot h_c}{\not{2}_1}$$

$$6\ \text{cm}^2 = 3\ \text{cm} \cdot h_c \quad \big|\ : 3\ \text{cm}$$

$$\underline{\underline{h_c = 2\ \text{cm}}}$$

Die Höhe h_c ist 2 cm lang.

c) gegeben: $h_c = 1\ \text{cm}$ gesucht: c
$A = 6\ \text{cm}^2$

Lösung:

$$A = \frac{c \cdot h_c}{2}$$

$$6\ \text{cm}^2 = \frac{c \cdot 1\ \text{cm}}{2} \quad \big|\ \cdot 2$$

$$12\ \text{cm}^2 = c \cdot 1\ \text{cm} \quad \big|\ : 1\ \text{cm}$$

$$\underline{\underline{c = 12\ \text{cm}}}$$

Die Seite c hat eine Länge von 12 cm.

d) Max hat nicht recht. Wenn die Höhe zehnmal so lang ist, dann verzehnfacht sich auch der Flächeninhalt.

Hinweis:

$$A = \frac{g \cdot h}{2}$$

$$h_1 = 10 \cdot h$$

$$A_1 = \frac{g \cdot h_1}{2}$$

$$A_1 = \frac{g \cdot 10 \cdot h}{2}$$

$$A_1 = 10 \cdot \frac{g \cdot h}{2}$$

$$\underline{\underline{A_1 = 10 \cdot A}}$$

2. Teil – Aufgabe 10

a) Die Wahrscheinlichkeit ist bei beiden gleich groß, denn es sind jeweils 4 Felder.

b) Insgesamt sind es 16 Felder, davon ist ein Feld kariert.

Die Wahrscheinlichkeit, das karierte Feld zu treffen ist $\frac{1}{16}$ (bzw. 1 : 16 = 0,0625).

c) kariert: 1 Feld
grau: 4 Felder
gestreift: 4 Felder
weiß: 5 Felder
schwarz: 2 Felder

Die weißen Felder kommen am häufigsten vor. Deshalb ist die Wahrscheinlichkeit, sie zu treffen, am größten.

d) Zwei von 16 Feldern sind schwarz. Die Wahrscheinlichkeit, ein schwarzes Feld zu treffen, ist also $\frac{2}{16} = \frac{1}{8}$.

Das bedeutet, dass jeder achte Treffer ein Gewinn sein kann. Man würde also bei acht Einsätzen 0,80 € einnehmen, müsste aber 1,00 € auszahlen. Somit hat John recht.

2. Teil – Aufgabe 11

a) b)

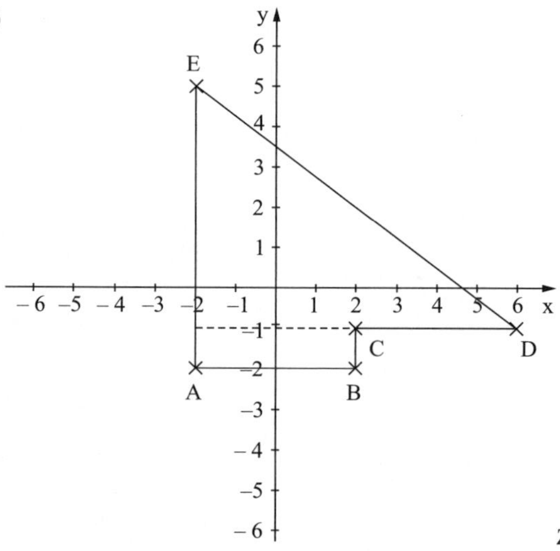

Zeichnung hier im Maßstab 1 : 2

c) Die gesamte Figur ABCDE wird in zwei Teilflächen zerlegt, ein Dreieck und ein Rechteck.

Flächeninhalt des Dreiecks:

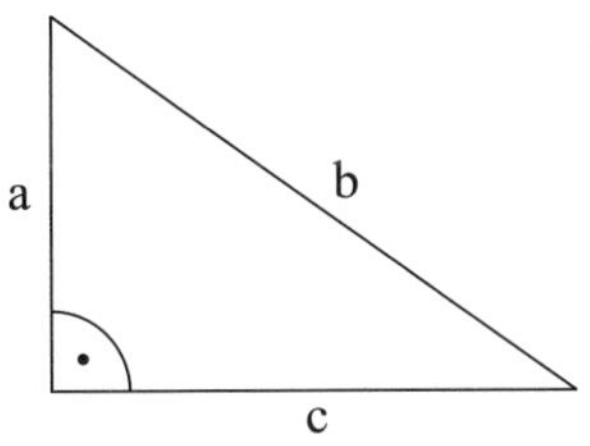

Für ein rechtwinkliges Dreieck gilt die Formel:

$A = \frac{a \cdot b}{2}$

$A = \frac{6\text{ cm} \cdot 8\text{ cm}}{2}$

$\underline{\underline{A = 24\text{ cm}^2}}$

Flächeninhalt des Rechtecks:

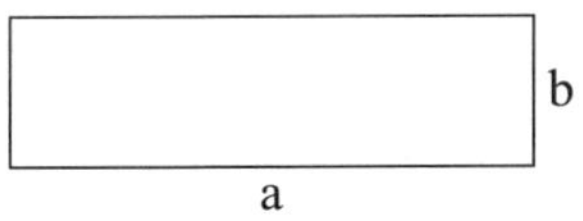

$A = a \cdot b$

$A = 4\text{ cm} \cdot 1\text{ cm}$

$\underline{\underline{A = 4\text{ cm}^2}}$

Gesamtfläche der Figur ABCDE:

$A_{gesamt} = A_{Dreieck} + A_{Rechteck}$

$A_{gesamt} = 24\text{ cm}^2 + 4\text{ cm}^2$

$\underline{\underline{A_{gesamt} = 28\text{ cm}^2}}$

Die Figur hat einen Flächeninhalt von 28 cm^2.

Hinweis:
Auch eine Zerlegung der Figur ABCDE in ein Trapez und ein rechtwinkliges Dreieck wäre denkbar.

2. Teil – Aufgabe 12

a) 1 Jahr = 12 Monate

10 000 € · 12 = 120 000 € in einem Jahr

21 000 000 € : 120 000 € = $\underline{\underline{175}}$

Sein Gewinn würde für 175 Jahre reichen.

b) $\frac{1}{4}$ von 21 Millionen €, das bedeutet 21 000 000 € : 4 = 5 250 000 € Spende.

21 000 000 € – 5 250 000 € = $\underline{\underline{15\,750\,000\text{ €}}}$

15 750 000 € bleiben ihm dann noch übrig.

c) Berechnung der Jahreszinsen:

	Prozent	Euro	
: 100	100 %	21 000 000 €	: 100
	1 %	210 000 €	
· 4,5	4,5 %	945 000 €	· 4,5

Berechnung der Monatszinsen:

: 12 (1 Jahr = 12 Monate ≙ 945 000 €) : 12

1 Monat ≙ 78 750 €

In einem Monat würde er 78 750 € Zinsen bekommen.

Abschlussprüfung an Hauptschulen in Hessen 2008
Mathematik

1. Teil (ohne Taschenrechner)

1. Teil – Aufgabe 1

☐ –0,5   ☐ –2   ☒ –2,5   ☐ –3,5   ☐ –5

Erklärung der Lösung:
Beschrifte die Zahlengerade vollständig. Die Abstände zwischen zwei Skalenstrichen betragen jeweils 0,5.

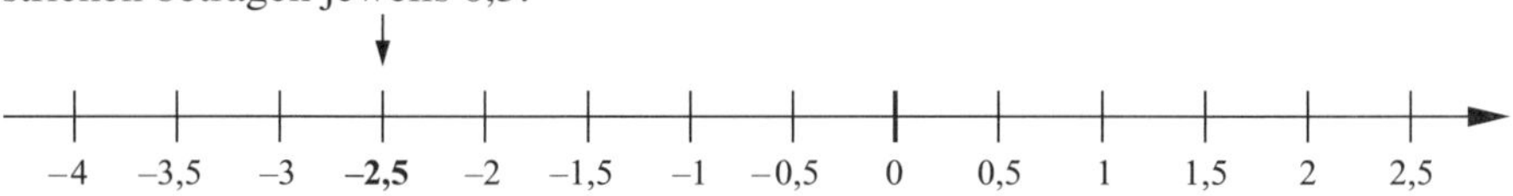

1. Teil – Aufgabe 2

Elke kam um **11.32 Uhr** an.

Erklärung der Lösung:
  12 h 17 min – 45 min
= 11 h 77 min – 45 min
= 11 h 32 min
= 11.32 Uhr

1. Teil – Aufgabe 3

☐ 2 m   ☐ 20 cm   ☐ 20 m   ☒ 200 m   ☐ 2 000 cm

Erklärung der Lösung:
1 km = 1 000 m
0,2 km = 0,2 · 1 000 m = 200 m

1. Teil – Aufgabe 4

a) 18,5 : 100 = **0,185**

Erklärung der Lösung:
Das Komma wird um zwei Stellen nach links versetzt.

b) $1{,}75 \cdot 2{,}5 = \mathbf{4{,}375}$

Erklärung der Lösung:
Multipliziere, ohne auf das Komma zu achten. Das Ergebnis hat so viele Stellen nach dem Komma wie die beiden Dezimalzahlen zusammen Stellen nach dem Komma haben.

$$\begin{array}{r} 1{,}75 \cdot 2{,}5 \\ \hline 350 \\ 875 \\ {}_1 \\ \hline 4{,}375 \end{array}$$

1. Teil – Aufgabe 5

a) ☐ 3 %   ☐ 20 %   ☒ 25 %   ☐ 30 %   ☐ 40 %

Erklärung der Lösung:
3 von insgesamt 12 Figuren sind weiß.
3 von 12 bedeutet: $\frac{3}{12} = \frac{1}{4} = \underline{\underline{25\ \%}}$

oder: Du löst mit dem Dreisatz:

	Anzahl der Figuren	Prozent	
	12	100 %	
: 12	1	$\frac{100\ \%}{12}$	: 12
· 3	3	$\frac{100\ \%}{\not{12}_4} \cdot \not{3}^1$	· 3
		$= \frac{100\ \%}{4} = \underline{\underline{25\ \%}}$	

b) $\mathbf{\frac{3}{4}}$ der Figuren ist schwarz.

Erklärung der Lösung:
9 von insgesamt 12 Figuren sind schwarz.
9 von 12 bedeutet: $\frac{9}{12} = \underline{\underline{\frac{3}{4}}}$

1. Teil – Aufgabe 6

a) ☐ 0,36 Mio.

☐ 3,6 Mio.

☒ 36 Mio.

☐ 360 Mio.

Erklärung der Lösung:
$9\,001\,001 \cdot 3{,}99 \approx 9\,000\,000 \cdot 4 = 36\,000\,000 = \underline{\underline{36\text{ Mio.}}}$

b) ☐ 0,05

☐ 0,21

☒ 0,5

☐ 1,2

Erklärung der Lösung:
$\frac{10}{21} \approx \frac{10}{20} = \frac{1}{2} = \underline{\underline{0{,}5}}$

1. Teil – Aufgabe 7

a) $\sqrt{x} = 7$ **x = 49** **oder:** $\mathbf{x = 7^2}$

Erklärung der Lösung:
Da $7 \cdot 7 = 7^2 = 49$ ist, gilt $\sqrt{49} = 7$.

b) $x^3 = 8$ **x = 2**

Erklärung der Lösung:
$2^3 = 2 \cdot 2 \cdot 2 = 8$

c) $24 \cdot 0{,}5 = 12 \cdot x$ **x = 1**

Erklärung der Lösung:
Mal 0,5 ist dasselbe wie geteilt durch 2.

$$\begin{aligned} 24 \cdot 0{,}5 &= 12 \cdot x \\ 12 &= 12 \cdot x \quad |:12 \\ x &= 1 \end{aligned}$$

1. Teil – Aufgabe 8

$$\begin{aligned} 5x+3+3x-24 &= 35+x && \mid \text{zusammenfassen} \\ 8x-21 &= 35+x && \mid -x \\ 7x-21 &= 35 && \mid +21 \\ 7x &= 56 && \mid :7 \\ \mathbf{x} &= \mathbf{8} \end{aligned}$$

1. Teil – Aufgabe 9

$$\begin{aligned} y &= 2x-6 && \mid \text{für } x=5 \text{ einsetzen} \\ y &= 2\cdot 5-6 \\ y &= 10-6 \\ \mathbf{y} &= \mathbf{4} \end{aligned}$$

1. Teil – Aufgabe 10

- [ ] Die Fahrt beginnt morgens um 7.30 Uhr.
- [ ] In der Schule gibt es vier Abschlussklassen.
- [ ] Der Klassenlehrer ist 45 Jahre alt.
- [x] An der Fahrt nehmen 23 Schülerinnen und Schüler teil.
- [ ] Die Busfahrt kostet pro Teilnehmer 15,00 Euro.
- [ ] Der monatliche Beitrag für die Klassenkasse beträgt 2,00 Euro.
- [x] Schulklassen zahlen pro Teilnehmer 22,00 Euro Eintritt.

Erklärung der Lösung:
Um den gesamten Eintrittspreis zu ermitteln, benötigt Felix die Anzahl der Teilnehmer an der Fahrt (Angabe 4) sowie den Preis pro Teilnehmer (Angabe 7).

1. Teil – Aufgabe 11

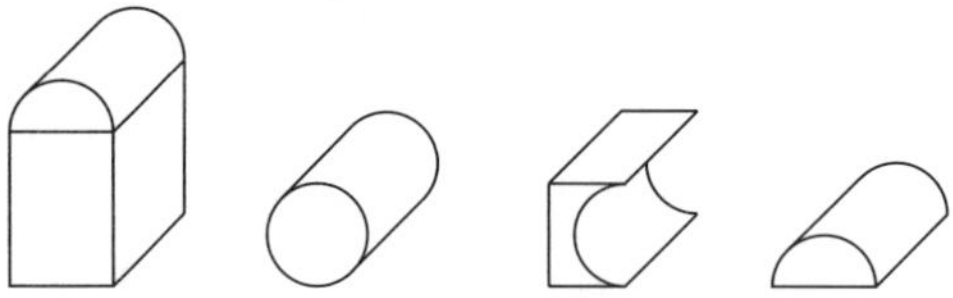

☐ ☐ ☐ ☒

Erklärung der Lösung:
Der **1. Körper** entfällt, da es sich um einen Quader mit aufgesetztem Halbzylinder handelt.
Der **2. Körper** entfällt, da beim Zylindernetz zwei Kreise Begrenzungsflächen sind.
Auch der **3. Körper** entfällt, da das Netz nicht mit den Begrenzungsflächen des Körpers übereinstimmt.
Nur der **4. Körper** hat im Netz 2 Rechtecke (Mantel) und 2 Halbkreise als Begrenzungsflächen. Es handelt sich um einen halben Zylinder.

2. Teil (mit Taschenrechner)

Lösungs-Tipps zum 2. Teil

Die folgenden Tipps verraten dir schrittweise einen möglichen Lösungsweg. Lies also den zweiten Tipp erst, wenn du mit dem ersten nicht weitergekommen bist.

Tipp zu Aufgabe 1

Berechne zuerst die Länge eines Drahtes.

Tipps zu Aufgabe 2

Berechne zuerst den Preis pro Person für die Stadtführung.

Berechne dann den Eintrittspreis pro Person zur Gedenkstätte.

Addiere alle entstehenden Kosten.

Tipps zu Aufgabe 3

Multipliziere die gegebene Länge mit 3.

10 % einer Zahl ist der 10. Teil dieser Zahl.

Addiere beide Teilergebnisse.

Tipps zu Aufgabe 4

Berechne die Landfläche der Erde durch Addition aller Angaben.

Berechne mit dem Dreisatz, wie viel Prozent 10,5 Mio. km^2 von 148,9 Mio. km^2 sind.

Tipps zu Aufgabe 5

a)

- Zeichne die Seite $c = \overline{AB}$.
- Trage im Punkt B an die Seite c den Winkel β an.
- Trage vom Punkt B auf den freien Schenkel von β die Seite a ab. $\Rightarrow$ Punkt C.
- Verbinde A und C.

b)

- Miss den Winkel γ genau.

Tipp zu Aufgabe 6

- Benutze den Satz über die Innenwinkelsumme im Dreieck.

Tipps zu Aufgabe 7

- Fertige eine Skizze mit Beschriftung an.
- Kennzeichne die Hypotenuse und die Katheten im rechtwinkligen Dreieck.
- Stelle den Satz des Pythagoras für deine beschriftete Skizze auf und berechne die gesuchte Länge.

Tipps zu Aufgabe 8

a) und **b)**

- Schreibe zuerst die Formeln für die Oberfläche und das Volumen vollständig auf.
- Beachte, dass die Grundfläche ein Quadrat ist.
- Vergiss die Maßeinheiten nicht.

c)

- Verdoppeln heißt mal 2.

Tipps zu Aufgabe 9

- Stelle einen Bezug zu der Größe des Mannes her, um einen Schätzwert für die Höhe und den Durchmesser des Weintanks zu finden.
- Was für ein mathematischer Körper ist der Weintank?

Tipps zu Aufgabe 10

a)

- Beschrifte die Achsen des Diagramms genau.

c)

- Überlege, welche Größen du zur Angabe der Geschwindigkeit brauchst.

Tipps zu Aufgabe 11

a)

- Der Umfang ist der äußere Rand der Figur.
- Nutze beim Schätzen folgende Tatsache: 1 cm $\triangleq$ 2 Rechenkästchen.

b)

- Versuche, die graue Fläche auf eine Figur zu beziehen, deren Flächeninhalt du leicht berechnen kannst.

c)

- Wie heißt die Formel zur Berechnung des Flächeninhalts eines Rechtecks?

d)

- Wie berechnet sich der Flächeninhalt eines Kreises?

Tipps zu Aufgabe 12

- Ermittle zuerst die Gesamtschülerzahl.
- Berechne die gesuchten Prozentsätze mit dem Dreisatz.

Tipps zu Aufgabe 13

a)

- Gegenüberliegende Seiten sind im Parallelogramm gleich lang und parallel.
- Die 1. Koordinate eines Punktes ist der x-Wert, die 2. Koordinate ist der y-Wert.

b)

- Bestimme die Länge der Grundseite und die Höhe aus dem Koordinatensystem. Günstig sind Längen, die parallel zur x- und y-Achse liegen.

c)

- Wie heißt der Satz des Pythagoras?

d)

- Der Umfang einer Figur ist die Summe aller Seitenlängen.
- Bestimme mit dem Satz des Pythagoras die Länge der Seiten b und d.

Tipps zu Aufgabe 14

a)

- Berechne 2,5 % von Monikas Lohn mit dem Dreisatz.

b)

- Rechne mit dem Dreisatz. Beachte, dass der Grundwert gesucht ist. Dieser entspricht immer 100 %.

c)

- Berücksichtige bei deinen Überlegungen die Rechnung von Teilaufgabe b.

Lösungen zum 2. Teil

2. Teil – Aufgabe 1

a) $8 \cdot 9\text{ cm} = 72\text{ cm}$
$72\text{ cm} : 6 = \underline{\underline{12\text{ cm}}}$

Ein Stück ist dann 12 cm lang.

b) $72\text{ cm} : 18\text{ cm} = \underline{\underline{4}}$

Aus dem dritten Draht erhält er 4 Stücke.

2. Teil – Aufgabe 2

$120\text{ €} : 24 = \underline{\underline{5\text{ €}}}$ pro Person Stadtführung

$90\text{ €} : 24 = \underline{\underline{3{,}75\text{ €}}}$ Eintritt pro Person zur Gedenkstätte

$183{,}60\text{ €} + 5\text{ €} + 10\text{ €} + 59{,}90\text{ €} + 3{,}75\text{ €} = \underline{\underline{262{,}25\text{ €}}}$

Martin muss insgesamt 262,25 € bezahlen.

2. Teil – Aufgabe 3

$1\,200 \cdot 3 = 3\,600$
$10\,\%$ von $3\,600 = 360$
$3\,600 + 360 = \underline{\underline{3\,960}}$

1 200 m sind 3 960 ft.

2. Teil – Aufgabe 4

$10{,}5\text{ Mio. km}^2 + 44{,}4\text{ Mio. km}^2 + 8{,}5\text{ Mio. km}^2 + 30{,}3\text{ Mio. km}^2 + 13{,}2\text{ Mio. km}^2 + 42\text{ Mio. km}^2 = 148{,}9\text{ Mio. km}^2$

	Fläche in km²	Prozent	
: 148,9 Mio.	148,9 Mio.	100 %	: 148,9 Mio.
· 10,5 Mio.	1 Mio.	$\frac{100\,\%}{148{,}9\text{ Mio.}}$	· 10,5 Mio.
	10,5 Mio.	$\frac{100\,\%}{148{,}9\text{ Mio.}} \cdot 10{,}5\text{ Mio.} \approx \underline{\underline{7\,\%}}$	

7 % der Landfläche unserer Erde entfällt auf Europa.

2. Teil – Aufgabe 5

a) $c = 6\text{ cm}$
$\beta = 70°$
$a = 5\text{ cm}$

b) $\gamma = 62°$

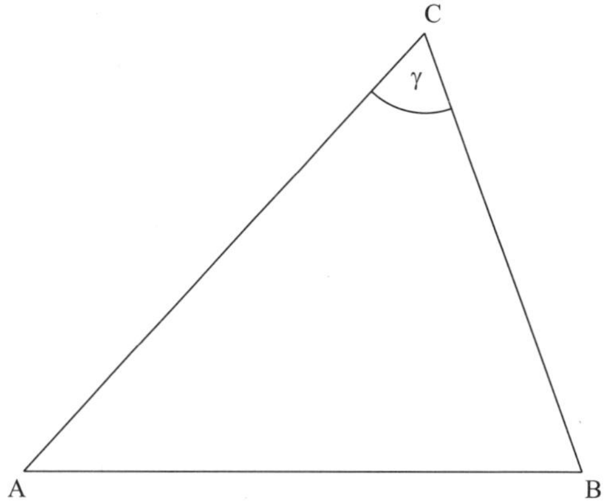

2. Teil – Aufgabe 6

Die Summe der Innenwinkel im Dreieck beträgt immer 180°.

$$\alpha + \beta + \gamma = 180°$$

$$\underbrace{65° + 45° + 35°}_{145°} \neq 180°$$

2. Teil – Aufgabe 7

Satz des Pythagoras:

$$a^2 + b^2 = c^2$$

$$(8\text{ cm})^2 + x^2 = (14\text{ cm})^2$$

$$64\text{ cm}^2 + x^2 = 196\text{ cm}^2 \quad | -64\text{ cm}^2$$

$$x^2 = 132\text{ cm}^2 \quad | \sqrt{\ }$$

$$\underline{\underline{x \approx 11{,}5\text{ cm}}}$$

Skizze:

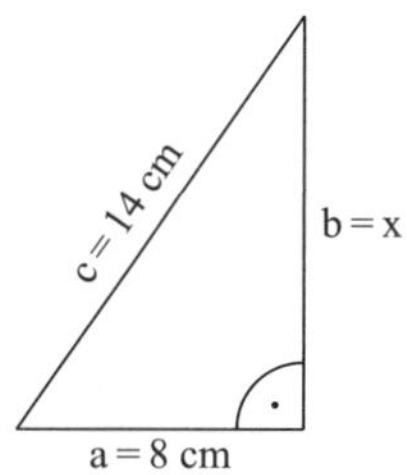

Die Seite x hat eine Länge von 11,5 cm.

2. Teil – Aufgabe 8

gegeben: Quader mit quadratischer Grundfläche
$a = b = 6\text{ cm}$
$c = 12\text{ cm}$

gesucht: a) A_O (oder O)
b) V

a) Lösung: $A_O = 2 \cdot (a \cdot b + b \cdot c + a \cdot c)$

$A_O = 2 \cdot (6\text{ cm} \cdot 6\text{ cm} + 6\text{ cm} \cdot 12\text{ cm} + 6\text{ cm} \cdot 12\text{ cm})$

$A_O = 2 \cdot (36\text{ cm}^2 + 72\text{ cm}^2 + 72\text{ cm}^2)$

$A_O = 2 \cdot 180\text{ cm}^2$

$\underline{\underline{A_O = 360\text{ cm}^2}}$

Die Oberfläche des Quaders beträgt 360 cm².

b) Lösung: $V = a \cdot b \cdot c$

$V = 6\text{ cm} \cdot 6\text{ cm} \cdot 12\text{ cm}$

$\underline{\underline{V = 432\text{ cm}^3}}$

Das Volumen des Quaders beträgt 432 cm³.

c) $V = a \cdot b \cdot c$, $a \to 2$, $b \to 2$: $\underbrace{2 \cdot 2}_{\cdot \mathbf{4}}$

$V = 2 \cdot 6\text{ cm} \cdot 2 \cdot 6\text{ cm} \cdot 12\text{ cm}$

$V = 12\text{ cm} \cdot 12\text{ cm} \cdot 12\text{ cm}$

$V = 1\,728\text{ cm}^3$

$V = \mathbf{4} \cdot 432\text{ cm}^3$

Das Volumen vervierfacht sich, also ist Antwort **C** richtig.

2. Teil – Aufgabe 9

Annahme: Höhe: $h = 1{,}80$ m

Durchmesser: $d = 0{,}9$ m

$\Rightarrow$ Radius: $r = 0{,}45$ m

gesucht: Volumen eines Zylinders

Lösung: $V = \pi \cdot r^2 \cdot h$

$V = \pi \cdot (0{,}45\text{ m})^2 \cdot 1{,}80\text{ m}$

$\underline{\underline{V \approx 1{,}145\text{ m}^3}}$ $(\Rightarrow V \approx 1145\ \ell)$

Das Volumen des Weintanks beträgt ungefähr 1 145 Liter.

Hinweis:
Als geschätzte Höhe des Weintanks wird jede Angabe zwischen 1,60 m und 2,00 m akzeptiert (Orientierung an der Körpergröße des Mannes).
Als geschätzter Durchmesser wird jede Angabe zwischen 0,7 m und 1,2 m akzeptiert. (Der Durchmesser ist in etwa so groß wie die halbe Höhe.)
Beachte bei dieser Aufgabe, dass dein Ergebnis von dem gerechneten Beispiel abweichen kann, falls du andere Ausgangsmaße gewählt hast.

2. Teil – Aufgabe 10

a)

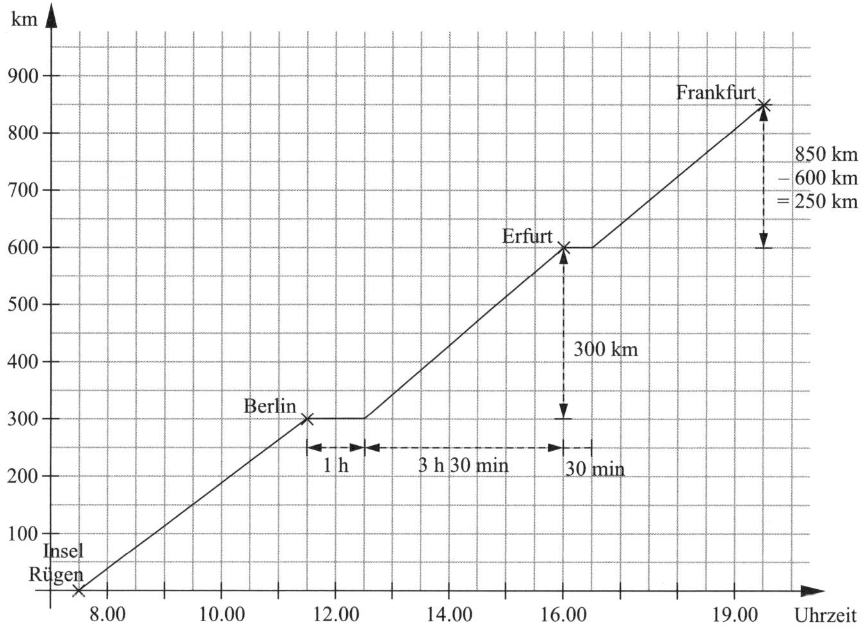

b) Erfurt ist 250 km von Frankfurt entfernt.

c) $$\text{Geschwindigkeit} = \frac{\text{Weg}}{\text{Zeit}}$$

$$= \frac{300\text{ km}}{4\text{ h}}$$

$$= \underline{\underline{75\,\frac{\text{km}}{\text{h}}}}$$

Familie Pfister fährt von Rügen nach Berlin mit einer Durchschnittsgeschwindigkeit von $75\,\frac{\text{km}}{\text{h}}$, also ist Lösungsbuchstabe **D** richtig.

2. Teil – Aufgabe 11

a) Umfang der grauen Fläche ≈ $\underline{\underline{14\text{ cm}}}$

Hinweis:
Alle Schätzwerte zwischen 12 cm und 16 cm werden akzeptiert.

b) Um die graue Fläche wird ein Quadrat mit a = 3,5 cm gesetzt, das ungefähr den gleichen Flächeninhalt hat.

$A = a \cdot a$

$A = 3{,}5\ \text{cm} \cdot 3{,}5\ \text{cm}$

$A = 12{,}25\ \text{cm}^2$

$A_{\text{grau}} \approx 12\ \text{cm}^2$

Der Flächeninhalt der grauen Fläche beträgt in etwa 12 cm².

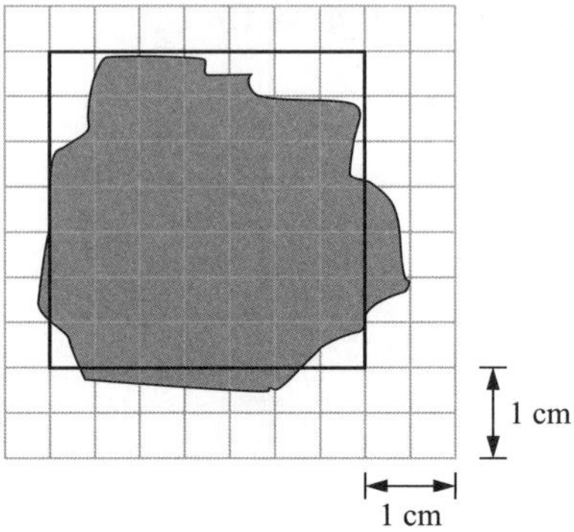

Hinweis:
Alle Schätzwerte von 10 cm² bis 14 cm² werden akzeptiert.

c) Flächeninhalt eines Rechtecks:

$A = a \cdot b$

$12\ \text{cm}^2 = 3\ \text{cm} \cdot 4\ \text{cm}$

Die Seite a könnte z. B. 3 cm und die Seite b 4 cm lang sein.

Hinweis:
Hier existieren noch viele andere Lösungsmöglichkeiten, z. B.:
a = 2 cm; b = 6 cm oder a = 2,5 cm; b = 4,8 cm oder …

d) Flächeninhalt eines Kreises:

$A = \pi \cdot r^2$

$12\ \text{cm}^2 = \pi \cdot r^2 \qquad |:\pi$

$r^2 = \frac{12\ \text{cm}^2}{\pi} \qquad |\sqrt{\ }$

$r = \sqrt{\frac{12\ \text{cm}^2}{\pi}}$

$r = 1{,}95\ldots\ \text{cm} \approx \underline{\underline{2\ \text{cm}}}$

Der Radius müsste in etwa 2 cm lang sein.

Hinweis: Radien zwischen 1,7 cm bis 2,3 cm werden akzeptiert.

2. Teil – Aufgabe 12

a) Berechnung der Gesamtschülerzahl:
$1 + 3 + 14 + 3 + 4 = 25$
14 von 25 Schülerinnen und Schülern haben Normalgewicht.

Dreisatz:

	Anzahl der Schüler	Prozent	
: 25	25	100 %	: 25
· 14	1	4 %	· 14
	14	56 %	

56 % der Schülerinnen und Schüler aus der Klasse H9 haben Normalgewicht.

b) 4 von 25 Schülerinnen und Schüler haben starkes Übergewicht.

Dreisatz:

	Anzahl der Schüler	Prozent	
: 25	25	100 %	: 25
· 4	1	4 %	· 4
	4	16 %	

16 % ist mehr als doppelt so viel wie 6 %. Also hat Peter recht.

2. Teil – Aufgabe 13

a) C(3 | 6)

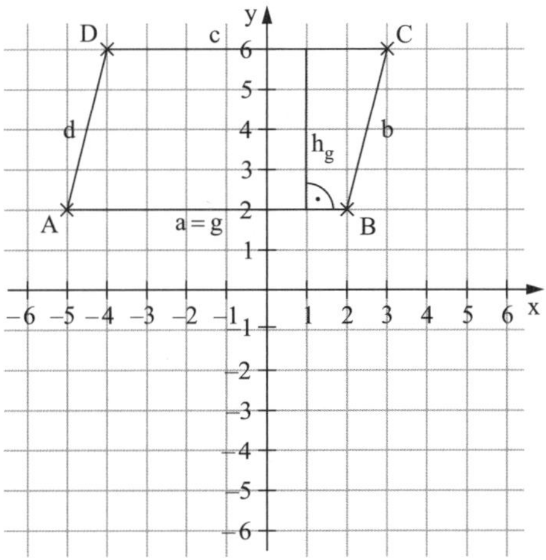

b) Flächeninhalt des Parallelogramms:

$\overline{AB} = g = 7$ cm

$h_g = 4$ cm

(siehe Koordinatensystem)

$A = g \cdot h_g$

$A = 7 \text{ cm} \cdot 4 \text{ cm}$

$A = 28 \text{ cm}^2$

Das Parallelogramm hat einen Flächeninhalt von 28 cm^2.

c) Monika benutzt den Satz des Pythagoras.

$c^2 = a^2 + b^2$

$\Rightarrow \quad d^2 = 1^2 + 4^2$

Skizze:

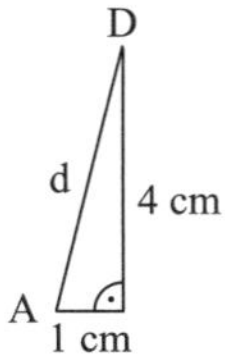

d) Umfang des Parallelogramms:

$a = \overline{AB} = c = 7\text{ cm}$

$d = b$ (Berechnung mit dem Satz des Pythagoras, siehe Teilaufgabe c)

$d^2 = 1^2 + 4^2$

$d^2 = 1 + 16$

$d^2 = 17 \qquad |\sqrt{\ }$

$\underline{\underline{d \approx 4{,}1\text{ cm}}}$

$u = 2 \cdot a + 2 \cdot b$

$u = 2 \cdot 7\text{ cm} + 2 \cdot 4{,}1\text{ cm}$

$u = 14\text{ cm} + 8{,}2\text{ cm}$

$\underline{\underline{u = 22{,}2\text{ cm}}}$

Das Parallelogramm hat einen Umfang von 22,2 cm.

2. Teil – Aufgabe 14

a) 2,5 % von 2 500 €:

	Prozent	Geld	
: 100	100 %	2 500 €	: 100
	1 %	25 €	
· 2,5	2,5 %	62,50 €	· 2,5

$2\,500\text{ €} + 62{,}50\text{ €} = \underline{\underline{2\,562{,}50\text{ €}}}$

Der neue Lohn von Monika beträgt 2 562,50 €.

b) 2,5 % sind 60 €.

Grundwert:

	Prozent	Geld	
: 2,5	2,5 %	60 €	: 2,5
	1 %	24 €	
· 100	100 %	2 400 €	· 100

Uwes bisheriger Lohn beträgt 2 400 €.

c) Jochens Lohn muss mehr als 2 400 € betragen, dann sind 2,5 % mehr Lohn vorteilhafter als eine Lohnerhöhung von 60 €.

Abschlussprüfung an Hauptschulen in Hessen 2009
Mathematik

1. Teil (ohne Taschenrechner)

1. Teil – Aufgabe 1

Der Film ist um **20.11 Uhr** zu Ende.

Erklärung der Lösung:

$96\text{ min} = 1\text{ h } 36\text{ min}$
$36\text{ min} = 25\text{ min} + 11\text{ min}$

$18.35\text{ Uhr} + 1\text{ h} = 19.35\text{ Uhr}$
$19.35\text{ Uhr} + 25\text{ min} = 20.00\text{ Uhr}$
$20.00\text{ Uhr} + 11\text{ min} = \underline{\underline{20.11\text{ Uhr}}}$

1. Teil – Aufgabe 2

- ☐ 0,025 Mio.
- ☐ 0,25 Mio.
- ☒ 2,5 Mio.
- ☐ 25 Mio.

Erklärung der Lösung:

$5\,005\,005 : 1{,}98 \approx 5\,000\,000 : 2 = \underline{\underline{2\,500\,000 = 2{,}5\text{ Mio}}}$

1. Teil – Aufgabe 3

a) $0{,}24 \cdot 100 = \mathbf{24}$

Erklärung der Lösung:
Das Komma wird um 2 Stellen nach rechts versetzt.

b) $3{,}24 : 4 = \mathbf{0{,}81}$

Erklärung der Lösung:
Dividiere schriftlich:

$$\begin{array}{l} 3{,}24 : 4 = \underline{\underline{0{,}81}} \\ \underline{32} \\ 04 \\ \underline{4} \\ 0 \end{array}$$

c) $2+3\cdot 4=\mathbf{14}$

Erklärung der Lösung:
Beachte Punkt- vor Strichrechnung.

$$\begin{aligned} & 2+3\cdot 4 \\ =\ & 2+12 \\ =\ & \underline{\underline{14}} \end{aligned}$$

1. Teil – Aufgabe 4

☐ 15

☐ 25

☐ 75

☒ 125

Erklärung der Lösung:
$5^3=5\cdot 5\cdot 5=125$

1. Teil – Aufgabe 5

Oliver hat recht. Das Ergebnis muss zwischen 5 und 6 liegen, weil 30 zwischen den Quadratzahlen 25 und 36 liegt.

Erklärung der Lösung:

$$\sqrt{25}=5$$
$$\sqrt{36}=6$$
$$\sqrt{25}<\sqrt{30}<\sqrt{36}$$
$$5<\sqrt{30}<6$$

1. Teil – Aufgabe 6

	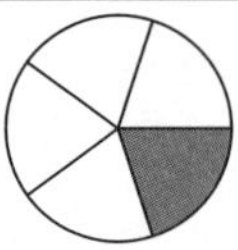	1,4	$\frac{2}{8}$	4 : 1	0,25	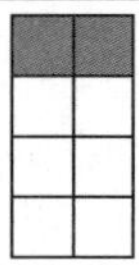	25 %	4,1
Richtig	☐	☐	☒	☐	☒	☒	☒	☐

Erklärung der Lösung:

$\frac{2}{8}=\frac{1}{4}$

$0{,}25=\frac{25}{100}=\frac{1}{4}$

2 von 8 Kästchen sind schwarz, also $\frac{2}{8}=\frac{1}{4}$

$25\,\%=\frac{25}{100}=\frac{1}{4}$

1. Teil – Aufgabe 7

☒ 9 ☐ 12 ☐ 81 ☐ 90 ☐ 108

Erklärung der Lösung:

Berechne zuerst $\frac{3}{4}$ von 120.
$120:4=30$
$30\cdot 3=\underline{\underline{90}}$

90 Schüler besitzen einen Computer.

Berechne dann 10 % von 90.
10 % ist der 10. Teil, also $90:10=\underline{\underline{9}}$

9 Schüler besitzen ein Notebook.

1. Teil – Aufgabe 8

☐ $12\cdot x+15\cdot y=22+9$

☒ $12\cdot x+15\cdot y+9=22$

☐ $12\cdot x+15\cdot y-9=22$

☐ $12\cdot x+9+15\cdot y+9=22$

Erklärung der Lösung:
Michael kauft 12 Flaschen Apfelsaft $12\cdot x$
und 15 Flaschen Wasser $15\cdot y$.
Da die Preise x und y ohne Pfand sind, muss Michael zur Summe $12\cdot x+15\cdot y$ noch die 9 € Pfand addieren, um auf den Gesamtpreis von 22 € zu kommen.
Also gilt:
$12\cdot x+15\cdot y+9=22$

1. Teil – Aufgabe 9

Die Größe des Winkels α beträgt **60°**.

Erklärung der Lösung:

$$\alpha + 30° + 90° = 180°$$
$$\alpha = 180° - 90° - 30°$$
$$\underline{\underline{\alpha = 60°}}$$

1. Teil – Aufgabe 10

Der Umfang beträgt **26** cm.

Erklärung der Lösung:

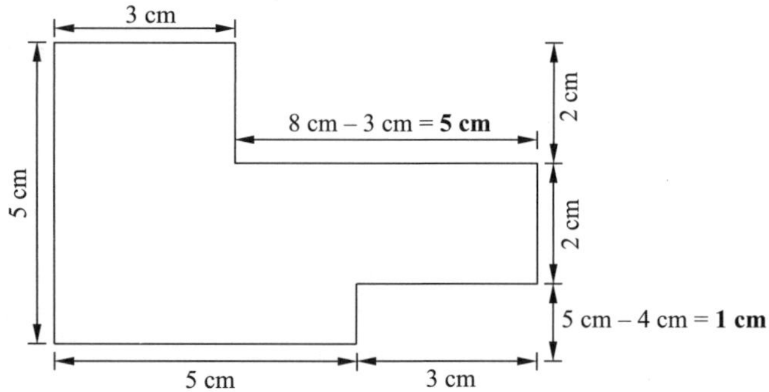

Der Umfang ist die Summe aller Seiten.

$$u = 5\text{ cm} + 1\text{ cm} + 3\text{ cm} + 2\text{ cm} + 5\text{ cm} + 2\text{ cm} + 3\text{ cm} + 5\text{ cm}$$
$$u = \underline{\underline{26\text{ cm}}}$$

Oder:

Ergänze die Figur durch Verschieben von 4 Seiten zu einem Rechteck und benutze die Umfangsformel für Rechtecke:

$$u = 2 \cdot a + 2 \cdot b$$
$$u = 2 \cdot 5\text{ cm} + 2 \cdot 8\text{ cm}$$
$$u = \underline{\underline{26\text{ cm}}}$$

1. Teil – Aufgabe 11

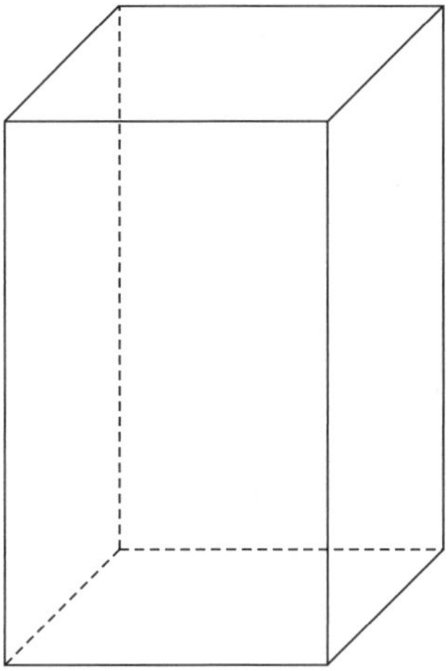

Erklärung der Lösung:

Beachte beim Schrägbild:

- Zeichne waagerechte und senkrechte Kanten in wahrer Länge (a = 3 cm, h = 5 cm).
- Zeichne Kanten in Tiefenrichtung (also von vorne nach hinten) im Winkel von 45° und um die Hälfte verkürzt (also 1,5 cm).
- Zeichne verdeckte Kanten gestrichelt.

1. Teil – Aufgabe 12

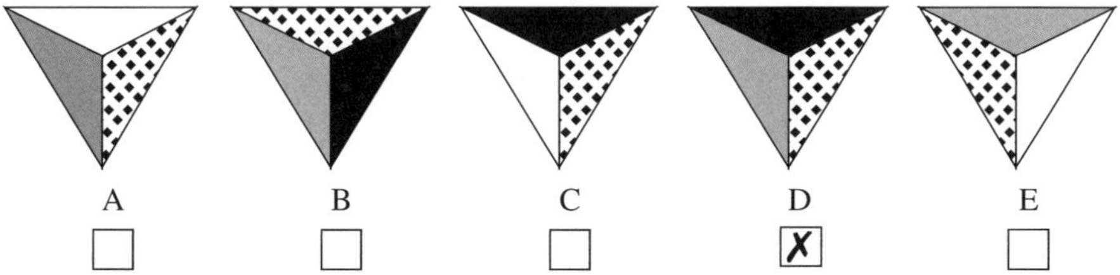

Erklärung der Lösung:

Wenn man die äußeren Dreiecke beim Zusammenfalten nach oben klappt, sieht man rechts das Dreieck mit den schwarzen Punkten, links das graue Dreieck und oben (hinten) das schwarze Dreieck. Das weiße Dreieck ist nicht zu sehen, da es auf dem Boden steht und von den anderen Dreiecken verdeckt wird.

2. Teil (mit Taschenrechner)

Lösungs-Tipps zum 2. Teil

Die folgenden Tipps verraten dir schrittweise einen möglichen Lösungsweg. Lies also den zweiten Tipp erst, wenn du mit dem ersten nicht weitergekommen bist.

Tipps zu Aufgabe 1

- Berechne für alle Zahlenpaare zuerst den Preis für 1 Stück.
- Die beiden Einzelpreise, die übereinstimmen, sind richtig.
- Der dritte Preis ist dann falsch.
- Berechne den richtigen Preis.

Tipps zu Aufgabe 2

a)
- Suche die kleinste negative Zahl in der Tabelle.

b)
- Berechne zuerst den Temperaturunterschied von –0,9 °C bis 0 °C.
- Ermittle dann, um wie viel °C die Temperatur von 0 °C bis 4,3 °C angestiegen ist.
- Addiere beide Werte.

c)
- Den Mittelwert berechnet man, indem man alle Werte addiert und dann die Summe durch die Anzahl der Werte dividiert.

Tipps zu Aufgabe 3

a)
- Dividiere die Masse eines ausgewachsenen Igels durch die Masse eines Igelbabys.

b)
- Berechne mit dem Dreisatz 40 % von 1 500 g.

c)
- $\frac{1}{15}$ bedeutet, dass durch 15 dividiert werden muss.

Tipps zu Aufgabe 4

a)
- Rechne mit dem Dreisatz. Berechne zuerst 1 % von 3,5 Mio.
- Schließe dann auf 42 %.

b)

Berechne, wie viele Autos 5 % von 1 000 sein müssten und vergleiche.

Tipps zu Aufgabe 5

Zähle die Anzahl der weißen Felder bei jedem Glücksrad.

Setze diese Anzahl ins Verhältnis zur Gesamtzahl aller Felder bei jedem Glücksrad.

Tipps zu Aufgabe 6

Fasse auf der linken Seite der Gleichung alle Glieder ohne Variable zusammen.

Ordne, indem du alle Glieder mit Variable nach links und alle Glieder ohne Variable nach rechts bringst.

Isoliere die Variable.

Tipps zu Aufgabe 7

Fertige dir eine Skizze mit Beschriftung an.

Gesucht ist die Strecke $\overline{AB} = c$

Kennzeichne die Hypotenuse und die Katheten im rechtwinkligen Dreieck in deiner Skizze.

Stelle den Satz des Pythagoras für deine beschriftete Skizze auf und berechne die gesuchte Seite.

Berechne, um wie viele Kilometer der Weg durch den Wald kürzer ist als der Weg auf der Straße.

Tipps zu Aufgabe 8

a)

Im gleichschenkligen Dreieck sind 2 Seiten gleich lang und somit 2 Winkel gleich groß ($\alpha = \beta = \text{Basiswinkel}$).

Zeichne die Strecke $\overline{AB} = 7$ cm.

Trage die Winkel α und β an den Punkten A und B an.

Der Schnittpunkt der Schenkel liefert Punkt C.

b)

Die Innenwinkelsumme im Dreieck beträgt 180°.

Da das Dreieck gleichschenklig ist, gilt $\alpha = \beta$.

Tipps zu Aufgabe 9

a)

- Schreibe die gegebenen Größen auf.
- Berechne das Volumen des Zylinders mit der Formel $V = \pi \cdot r^2 \cdot h_k$.

b)

- Das Volumen eines Kegels ist $\frac{1}{3}$ des Volumens eines Zylinders.
- Dividiere das Volumen des Zylinders durch 3.

Tipps zu Aufgabe 10

- Stelle einen Bezug zur Größe der Frau her, um einen Schätzwert für die Tiefe und Breite des Schwimmbeckens zu finden.
- Beachte, dass die 2,5-fache Breite die Länge des Beckens ergibt.
- Die zu streichenden Flächen sind Rechtecke.

Tipps zu Aufgabe W1

a)

- Ermittle die Gesamtschülerzahl.
- Die relative Häufigkeit ist der Quotient aus der absoluten Häufigkeit und der gesamten Anzahl.

b)

- Der Notendurchschnitt ist ein Mittelwert (arithmetisches Mittel) von mehreren Werten.
- Addiere alle Noten und dividiere die Summe durch die Anzahl der Noten.

c)

- Beachte: $100\,\% \mathrel{\hat{=}} 360°$
- Berechne mit dem Dreisatz alle Winkel.
- Vergleiche die berechneten Werte mit den Messwerten aus dem Kreisdiagramm.

d)

- Welche Anzahl ergibt sich bei 20 Schülern, wenn man sagt, jede fünfte Arbeit hat die Note 1 oder die Note 2?
- Vergleich mit der 2. Arbeit.

Tipps zu Aufgabe W2

a)

- I. Lies in jedem Diagramm bei einer Zeit von 3 Stunden den entsprechenden Weg in Kilometern ab.
- II. Suche das Diagramm heraus, das in einem Abschnitt eine Parallele zur Zeitachse aufweist. Das bedeutet, dass kein Weg zurückgelegt wurde, also dass Ben eine Pause eingelegt hat.

b)

- Beschrifte die Achsen des Diagramms genau.
- Trage abschnittsweise die Angaben ein.
- Überlege beim 2. Abschnitt: Was bedeutet halb so schnell?
- Wie viel Zeit bleibt für die letzten 5 km übrig, wenn die Gesamtzeit 1 h 45 min beträgt?

Tipps zu Aufgabe W3

a)

- Die 1. Koordinate eines Punktes ist der x-Wert, die 2. Koordinate ist der y-Wert.
- Bei einem Quadrat sind alle Seiten gleich lang und alle Innenwinkel haben eine Größe von 90°.

b)

- Das Bild liegt unterhalb der x-Achse im III. und IV. Quadranten.
- Achte auf gleiche Abstände der Bild- und Originalpunkte von der x-Achse.

c)

- Bestimme die Länge der Seite a des Quadrates aus dem Koordinatensystem.
- Wie lautet die Formel zur Berechnung der Fläche eines Quadrats?
- Die Seitenlängen a und b des Rechtecks sind so zu wählen, dass ihr Produkt gleich dem berechneten Flächeninhalt des Quadrats ist.

Tipps zu Aufgabe W4

a)

- Versuche die graue Fläche auszuzählen (1 Kästchen $\triangleq$ 1 km^2).

b)

- Was für ein mathematischer Körper ist der See annähernd?
- Schreibe die Formel für das Volumen auf und berechne.

c)

- Berechne mit dem Dreisatz, wie lange er für 36 km benötigt.

Lösungen zum 2. Teil

2. Teil – Aufgabe 1

Berechnung des Einzelpreises für jedes Zahlenpaar:

$5{,}50\ €: 2 = 2{,}75\ €$

$13{,}75\ €: 5 = 2{,}75\ €$

$18{,}25\ €: 7 \approx 2{,}61\ €$

Der Einzelpreis für diese proportionale Zuordnung ist 2,75 €. Der letzte Preis ist also falsch.

$2{,}75\ € \cdot 7 = \underline{\underline{19{,}25\ €}}$

Der richtige Preis ist 19,25 €.

2. Teil – Aufgabe 2

a) Der Monat **Januar** hatte die tiefste Durchschnittstemperatur.

b)

$-0{,}9\ °C$ bis $0\ °C$	sind	$0{,}9\ °C$
$0\ °C$ bis $4{,}3\ °C$	sind	$4{,}3\ °C$
	Summe	$\underline{\underline{5{,}2\ °C}}$

Von April bis Mai ist die Temperatur um 5,2 °C gestiegen.

c) $10{,}2\ °C + 8{,}3\ °C + 7{,}9\ °C = 26{,}4\ °C$

$26{,}4\ °C : 3 = \underline{\underline{8{,}8\ °C}}$

Der Mittelwert für die Sommermonate Juni, Juli und August beträgt 8,8 °C.

2. Teil – Aufgabe 3

a) $1\,500\ g : 20\ g = \underline{\underline{75}}$

75 Igelbabys wiegen so viel wie ein ausgewachsener Igel.

b) Dreisatz:

	Prozent	Gewicht	
: 100	100 %	1 500 g	: 100
· 40	1 %	15 g	· 40
	40 %	$\underline{\underline{600\ g}}$	

Während des Winterschlafs verliert der Igel 600 g Gewicht.

c) $300:15=\underline{\underline{20}}$

Während des Winterschlafs schlägt das Herz des Igels 20 Mal in der Minute.

2. Teil – Aufgabe 4

a) Dreisatz:

	Prozent	PKW	
: 100	100 %	3,5 Mio.	: 100
	1 %	0,035 Mio.	
· 42	42 %	$\underline{\underline{1,47\text{ Mio.}}}$	· 42

Michael hat recht.

b) Dreisatz:

	Prozent	PKW	
: 100	100 %	1 000	: 100
	1 %	10	
· 5	5 %	$\underline{\underline{50}}$	· 5

Ute hat nicht recht.
5 % von 1 000 sind 50 Autos, nicht 5.

2. Teil – Aufgabe 5

Glücksrad A:
1 Feld von 5 gleich großen Feldern ist weiß.

$\Rightarrow$ Wahrscheinlichkeit (weiß) $=\frac{1}{5}=0,2=\underline{\underline{20\ \%}}$

Glücksrad B:
2 Felder von 12 gleich großen Feldern sind weiß.

$\Rightarrow$ Wahrscheinlichkeit (weiß) $=\frac{2}{12}=\frac{1}{6}\approx 0,167\approx \underline{\underline{17\ \%}}$

Ich würde **Glücksrad A** wählen, weil die Wahrscheinlichkeit für einen Gewinn größer ist (20 % > 17 %).

2. Teil – Aufgabe 6

$$
\begin{aligned}
5+15x-32 &= 12+2x &&|\text{zusammenfassen}\\
15x-27 &= 12+2x &&|-2x\\
13x-27 &= 12 &&|+27\\
13x &= 39 &&|:13\\
\underline{\underline{x}} &\underline{\underline{= 3}}
\end{aligned}
$$

2. Teil – Aufgabe 7

Länge des Weges durch den Wald:

$c^2 = (6{,}6\text{ km})^2 + (8{,}8\text{ km})^2$

$c^2 = 43{,}56\text{ km}^2 + 7{,}44\text{ km}^2$

$c^2 = 121\text{ km}^2 \qquad |\sqrt{}$

$\underline{\underline{c = 11\text{ km}}}$

Skizze:

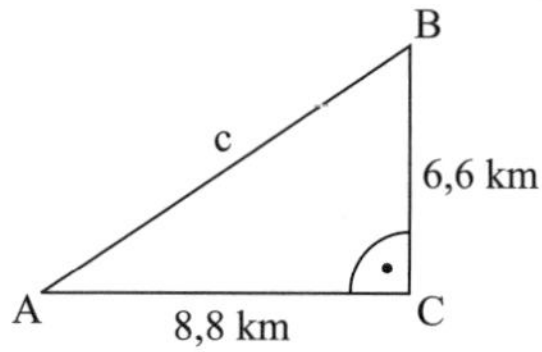

Länge des Weges von A zu B auf der Straße:

$6{,}6\text{ km} + 8{,}8\text{ km} = 15{,}4\text{ km}$

$15{,}4\text{ km} - 11\text{ km} = \underline{\underline{4{,}4\text{ km}}}$

Er spart 4,4 km ein.

Hinweis:

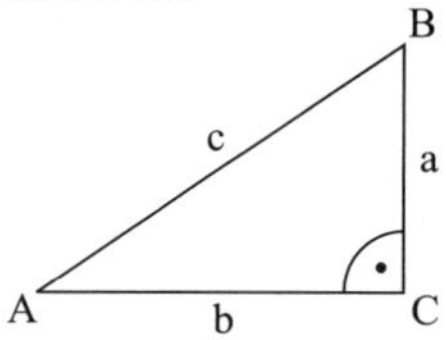

Satz des Pythagoras:
$a^2 + b^2 = c^2$

2. Teil – Aufgabe 8

a) gegeben: gleichschenkliges Dreieck

$\overline{AB} = c = 7\text{ cm}$ (Basis)

$\alpha = \beta = 30°$ (Basiswinkel)

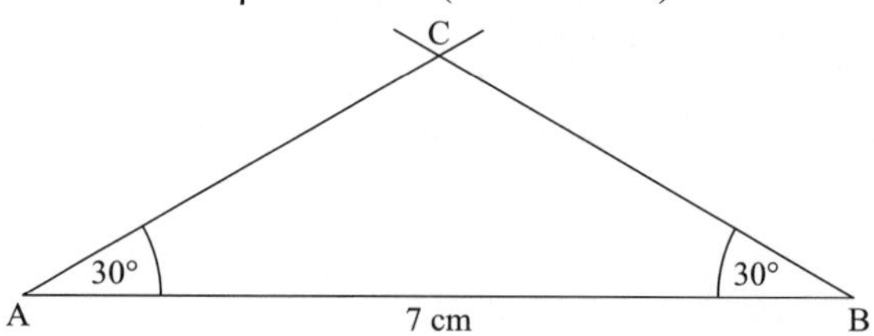

b) Im gleichschenkligen Dreieck sind 2 Seiten gleich lang $(a=b)$ und somit 2 Winkel gleich groß $(\alpha=\beta)$.

Winkelsumme im Dreieck: $\alpha+\beta+\gamma=180°$

Da $\alpha=\beta$ gilt, folgt:

$$2\cdot\alpha+\gamma=180°$$
$$\underline{\underline{\gamma=180°-2\cdot\alpha}}$$

Um den Winkel γ zu bestimmen, muss man von 180° zweimal den Basiswinkel α subtrahieren.

2. Teil – Aufgabe 9

a) gegeben: $d=26\text{ cm} \Rightarrow r=13\text{ cm}$ gesucht: $V_{Zylinder}$
$h_k=34\text{ cm}$

Lösung:
$$V_{Zylinder}=\pi\cdot r^2\cdot h_k$$
$$V_{Zylinder}=\pi\cdot(13\text{ cm})^2\cdot 34\text{ cm}$$
$$V_{Zylinder}=\pi\cdot 169\text{ cm}^2\cdot 34\text{ cm}$$
$$V_{Zylinder}\approx 18\,051{,}6\text{ cm}^3$$
$$\underline{\underline{V_{Zylinder}\approx 18\,000\text{ cm}^3}}$$

b) gegeben: $d=26\text{ cm} \Rightarrow r=13\text{ cm}$ gesucht: V_{Kegel}
$h_k=34\text{ cm}$

Lösung:
$$V_{Kegel}=\frac{1}{3}\cdot\pi\cdot r^2\cdot h_k$$
$$V_{Kegel}=\frac{1}{3}\cdot\pi\cdot(13\text{ cm})^2\cdot 34\text{ cm}$$
$$V_{Kegel}=\frac{1}{3}\cdot\pi\cdot 169\text{ cm}^2\cdot 34\text{ cm}$$
$$V_{Kegel}\approx 6\,017{,}2\text{ cm}^3$$
$$\underline{\underline{V_{Kegel}\approx 6\,000\text{ cm}^3}}$$

Da das Volumen eines Kegels der 3. Teil des Volumens eines Zylinders ist, geht es auch einfacher:

$$V_{Kegel}=V_{Zylinder}:3$$
$$V_{Kegel}\approx 18\,000\text{ cm}^3:3$$
$$\underline{\underline{V_{Kegel}\approx 6\,000\text{ cm}^3}}$$

2. Teil – Aufgabe 10

Annahme: Tiefe des Beckens $c = 1{,}70\text{ m}$ (Größe der Frau)
Breite des Beckens $b = 3{,}00\text{ m}$
Länge des Beckens $a = 2{,}5 \cdot 3{,}00\text{ m} = 7{,}50\text{ m}$

Lösung: Alle zu streichenden Flächen sind Rechtecke.

$A_{\text{Boden}} = a \cdot b$

$A_{\text{Boden}} = 7{,}50\text{ m} \cdot 3{,}00\text{ m}$

$\underline{\underline{A_{\text{Boden}} = 22{,}50\text{ m}^2}}$

Die Wandflächen rechts und links sind gleich groß.

$A_{\text{Seitenwände}} = 2 \cdot c \cdot a$

$A_{\text{Seitenwände}} = 2 \cdot 1{,}70\text{ m} \cdot 7{,}50\text{ m}$

$\underline{\underline{A_{\text{Seitenwände}} = 25{,}5\text{ m}^2}}$

Die Wandflächen vorn und hinten sind ebenfalls gleich groß.

$A_{\text{Vorder-/Rückwand}} = 2 \cdot c \cdot b$

$A_{\text{Vorder-/Rückwand}} = 2 \cdot 1{,}70\text{ m} \cdot 3{,}00\text{ m}$

$\underline{\underline{A_{\text{Vorder-/Rückwand}} = 10{,}2\text{ m}^2}}$

$A_{\text{gesamt}} = 22{,}5\text{ m}^2 + 25{,}5\text{ m}^2 + 10{,}2\text{ m}^2$

$\underline{\underline{A_{\text{gesamt}} = 58{,}2\text{ m}^2}}$

Insgesamt muss eine Fläche von $58{,}2\text{ m}^2$ gestrichen werden.

Alternative Lösung:
Das Schwimmbecken ist ein Quader, bei dem die Deckfläche fehlt.

$A_O = 2 \cdot (a \cdot b + a \cdot c + b \cdot c)$

$A_O = 2 \cdot (7{,}50\text{ m} \cdot 3{,}00\text{ m} + 7{,}50\text{ m} \cdot 1{,}70\text{ m} + 3{,}00\text{ m} \cdot 1{,}70\text{ m})$

$A_O = 2 \cdot (22{,}5\text{ m}^2 + 12{,}75\text{ m}^2 + 5{,}1\text{ m}^2)$

$A_O = 2 \cdot 40{,}35\text{ m}^2$

$\underline{\underline{A_O = 80{,}7\text{ m}^2}}$

$80{,}7\text{ m}^2 - 22{,}5\text{ m}^2 = \underline{\underline{58{,}2\text{ m}^2}}$

Hinweis:
Als geschätzte Tiefe des Schwimmbeckens wird jede Angabe zwischen 1,30 m und 1,80 m akzeptiert (Orientierung an der Körpergröße der Frau).
Als geschätzte Breite wird jede Angabe zwischen 2,00 m und 3,00 m akzeptiert.
Die Länge des Beckens wird dann aus der geschätzten Breite berechnet.
Beachte bei dieser Aufgabe, dass dein Ergebnis von dem gerechneten Beispiel abweichen kann, falls du andere Ausgangsmaße gewählt hast.

2. Teil – Aufgabe W1

a)

Arbeit Nr. 2	**Noten**	**1**	**2**	**3**	**4**	**5**	**6**
Anteil der Schülerinnen und Schüler	absolute Häufigkeit	2	4	5	6	2	1
	relative Häufigkeit	10 %	20 %	**25 %**	30 %	10 %	**5 %**

Gesamtschülerzahl: $2+4+5+6+2+1=20$

$$\text{relative Häufigkeit} = \frac{\text{absolute Häufigkeit}}{\text{Gesamtschülerzahl}}$$

$$\text{relative Häufigkeit für } 3 = \frac{5}{20} = \frac{25}{100} = \underline{\underline{25\ \%}}$$

$$\text{relative Häufigkeit für } 6 = \frac{1}{20} = \frac{5}{100} = \underline{\underline{5\ \%}}$$

b) Der Notendurchschnitt ist das arithmetische Mittel der Noten.

$$\frac{1\cdot 2+2\cdot 4+3\cdot 5+4\cdot 6+5\cdot 2+6\cdot 1}{20}$$

$$=\frac{2+8+15+24+10+6}{20}$$

$$=\frac{65}{20}$$

$$=\underline{\underline{3{,}25}}$$

Der Notendurchschnitt ist 3,25.

c) $100\ \% \mathrel{\hat{=}} 360°$

$1\ \% \mathrel{\hat{=}} 3{,}6°$

$10\ \% \mathrel{\hat{=}} 36°$

$20\ \% \mathrel{\hat{=}} 72°$

$25\ \% \mathrel{\hat{=}} 90°$

$30\ \% \mathrel{\hat{=}} 108°$

$5\ \% \mathrel{\hat{=}} 18°$

Durch Messen der Winkel im Kreisdiagramm ergibt sich:
Note 2 ist falsch, denn 20 % müssen **72**° sein und **Note 3** ist falsch, denn 25 % müssen **90**° sein.

d) Jede fünfte Arbeit bei 20 Schülern bedeutet, dass es 4 Mal die Note 1 oder 2 gibt.
Bei der zweiten Mathematikarbeit hatten 2 Schüler die Note 1 und 4 Schüler die Note 2. Insgesamt hatten also 6 der Schülerinnen und Schüler die Note 1 oder 2, bei der ersten Arbeit nur 4.
Kevin **hat** also **nicht recht**.

2. Teil – Aufgabe W2

a) I Zu Bens Aussage passen die Diagramme **A** und **C**.
II Das Diagramm **C** zeigt, dass Ben eine Pause eingelegt hat.

b)

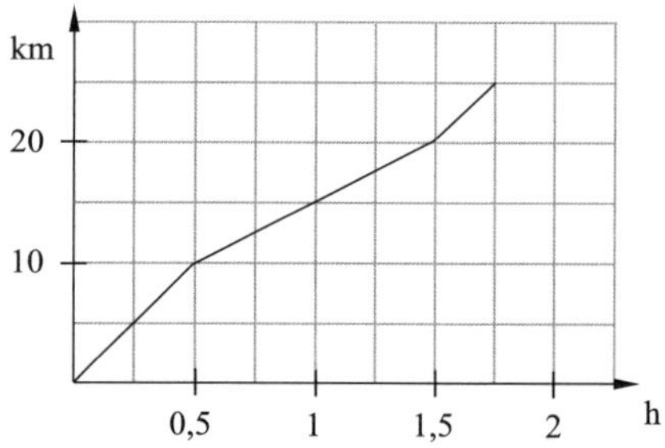

Hinweis:

I. Abschnitt: 0 km – 10 km	30 min = 0,5 h
II. Abschnitt: 10 km – 20 km	Halb so schnell heißt, er braucht die doppelte Zeit, also braucht er 1 Stunde für 10 Kilometer.
III. Abschnitt: 20 km – 25 km	Die letzten 5 Kilometer fährt er in 15 Minuten.

2. Teil – Aufgabe W3

a) b)

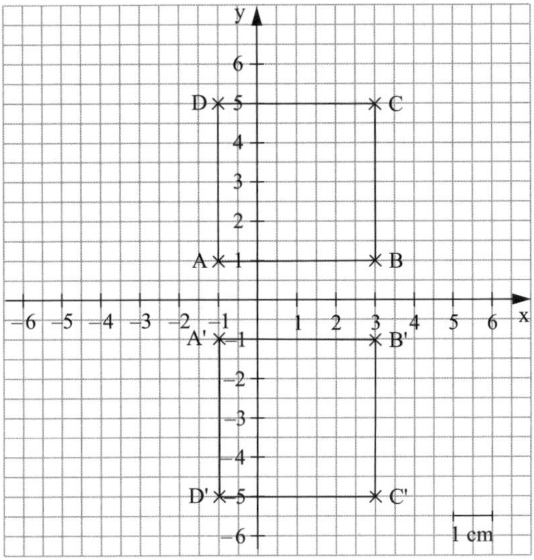

Koordinaten der Punkte C und D des Quadrats:
C(3 | 5)
D(–1 | 5)

Koordinaten der Bildpunkte:
A'(–1 | –1)
B'(3 | –1)
C'(3 | –5)
D'(–1 | –5)

c) gegeben: $a = 4\text{ cm}$ gesucht: $A_{Quadrat}$

Lösung: $A_{Quadrat} = a \cdot a$

$A_{Quadrat} = 4\text{ cm} \cdot 4\text{ cm}$

$\underline{\underline{A_{Quadrat} = 16\text{ cm}^2}}$

$A_{Quadrat} = A_{Rechteck}$

$A_{Rechteck} = a \cdot b$

z. B.: $16\text{ cm}^2 = \underline{\underline{8\text{ cm} \cdot 2\text{ cm}}}$

Hinweis:
Alle Längen für die Seiten a und b sind richtig, wenn sie als Produkt 16 cm^2 ergeben.

2. Teil – Aufgabe W4

a) $\underline{\underline{A \approx 33\ km^2}}$

Die Fläche eines kleinen Quadrates ist 1 km^2 groß.
Es sind annähernd 23 vollständig grau ausgemalte Quadrate.
Die nur zum Teil grauen Quadrate kann man gedanklich zu voll ausgemalten Quadraten zusammensetzen (ca. 10 Kästchen).
So ergeben sich zusammen ungefähr 33 Kästchen.

Hinweis:
Alle Schätzwerte von 25 km^2 bis 35 km^2 werden akzeptiert.

b) gegeben: Grundfläche $A_G \approx 33\ km^2 \approx 33$ Mio. m^2
Körperhöhe (Tiefe) $h_k = 1{,}40\ m$
gesucht: Volumen V in m^3
Lösung: Es handelt sich annähernd um ein Prisma.

$$V = A_G \cdot h_k$$
$$V = 33\ \text{Mio.}\ m^2 \cdot 1{,}40\ m$$
$$\underline{\underline{V = 46{,}2\ \text{Mio.}\ m^3}}$$

Der See enthält ungefähr 46 Mio. m^3 Wasser.

Hinweis:
Beachte bei dieser Aufgabe, dass dein Ergebnis von dem gerechneten Beispiel abweichen kann, falls du einen anderen Schätzwert für die Grundfläche gewählt hast. Alle Ergebnisse für das Volumen von 35 Mio. m^3 bis 49 Mio. m^3 werden akzeptiert.

c) Dreisatz:

	Weg	Zeit	
: 8	8 km	30 min	: 8
· 36	1 km	3,75 min	· 36
	36 km	$\underline{\underline{135\ \text{min}}}$	

135 min = 2 h 15 min
15.00 Uhr + 2 h 15 min = $\underline{\underline{17.15\ \text{Uhr}}}$

Um 17.15 Uhr kommt er wieder an der „Alten Moorhütte“ an.

Abschlussprüfung an Hauptschulen in Hessen 2010
Mathematik

1. Teil (ohne Taschenrechner)

1. Teil – Aufgabe 1

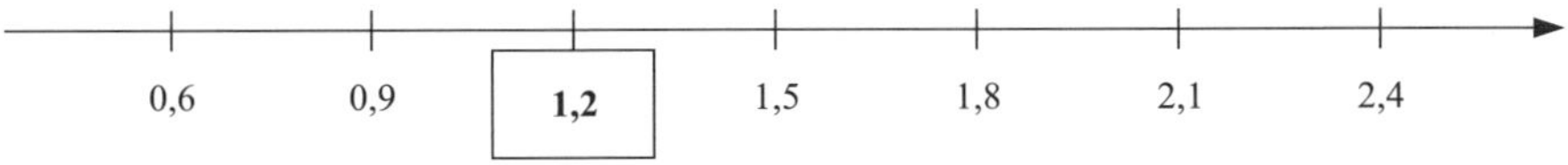

Erklärung der Lösung:
Bestimme den Abstand von 1,8 bis 2,1.
$2{,}1 - 1{,}8 = 0{,}3$
Berechne damit die fehlenden Zahlen am Zahlenstrahl.

1. Teil – Aufgabe 2

2 kg | 12 cm^2 | 70 mm | $\frac{1}{2}$ kg
50 mg | $\frac{1}{2}$ m | 1,5 t | 1 dm^2 | 35 cm
6,5 m^2 | 1,5 m | 150 g | 0,7 km

$70\text{ mm} < 35\text{ cm} < \frac{1}{2}\text{ m} < 1{,}5\text{ m} < 0{,}7\text{ km}$

Erklärung der Lösung:
Rechne in eine gemeinsame Einheit um, z. B. in cm.
Beachte dabei die Regeln für das Umrechnen von Längenmaßen:

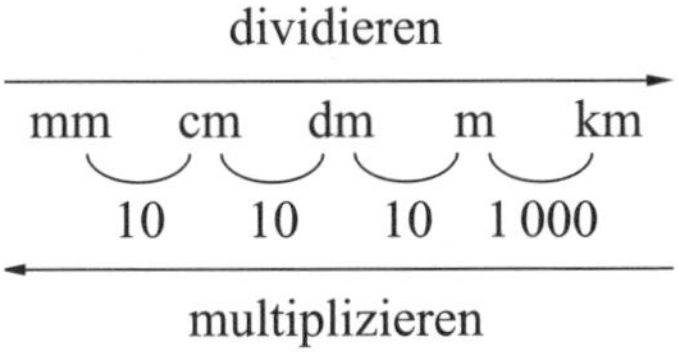

$\frac{1}{2}\text{ m} = 0{,}5\text{ m} = 50\text{ cm}$
$1{,}5\text{ m} = 150\text{ cm}$
$70\text{ mm} = 7\text{ cm}$
$0{,}7\text{ km} = 700\text{ m} = 70\,000\text{ cm}$

1. Teil – Aufgabe 3

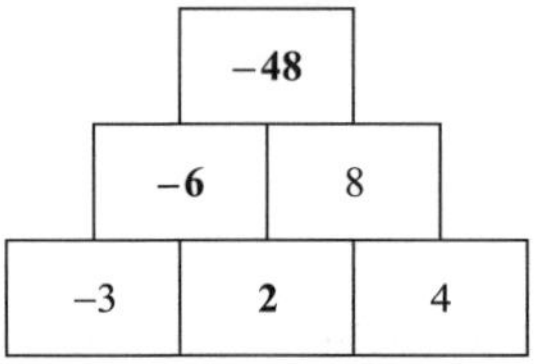

Erklärung der Lösung:
$x \cdot 4 = 8 \;\Rightarrow\; x = 2$
$(-3) \cdot 2 = -6$
$(-6) \cdot 8 = -48$

1. Teil – Aufgabe 4

a) $2 + 4 \cdot 30 = 2 + 120 = 122$

Erklärung der Lösung:
Beachte: Punkt- vor Strichrechnung!

b) $37{,}2 : 4 = 9{,}3$

Erklärung der Lösung:
$37{,}2 : 4 = 9{,}3$
$\underline{36}$
$\;\;12$
$\;\;\underline{12}$
$\;\;\;0$

1. Teil – Aufgabe 5

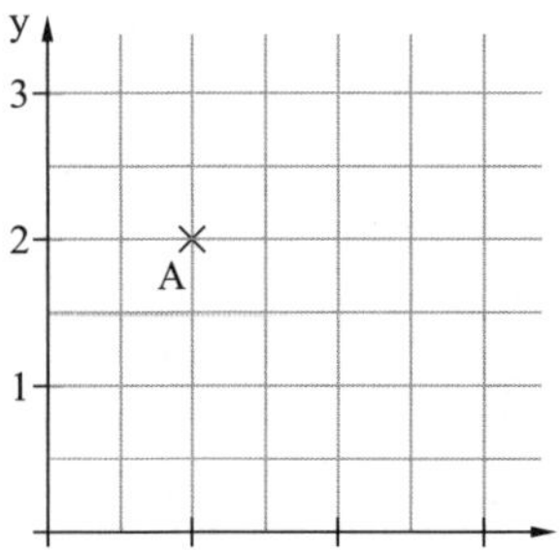

Erklärung der Lösung:
Die 1. Koordinate eines Punktes ist der x-Wert, die 2. Koordinate ist der y-Wert.

1. Teil – Aufgabe 6

$$A = \frac{g \cdot h_g}{2}$$

$$A = \frac{1,5\text{ cm} \cdot 3\text{ cm}}{2}$$

$$\underline{\underline{A = 2,25\text{ cm}^2}}$$

Erklärung der Lösung:

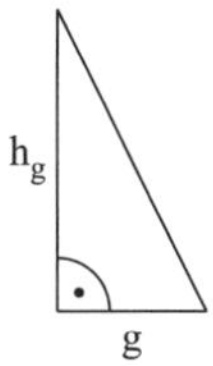

$g = 6\text{ cm} - 4,5\text{ cm} = 1,5\text{ cm}$

$h_g = 3\text{ cm}$

Die Höhe h_g steht senkrecht auf der Grundseite g.

1. Teil – Aufgabe 7

a) 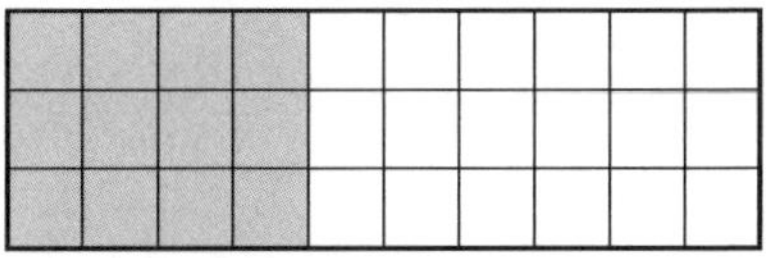

Erklärung der Lösung:

$\frac{2}{5}$ von 30 Kästchen sind 12 Kästchen.

$$\frac{2}{\cancel{5}_1} \cdot \cancel{30}^6 = 12$$

b) Die größere Figur könnte zum Beispiel folgendermaßen aussehen:

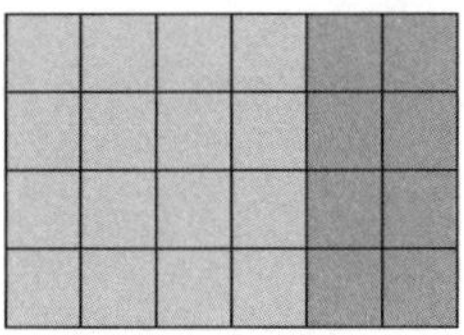

Erklärung der Lösung:

$$\frac{2}{3} \triangleq 16 \text{ Kästchen}$$
$$:2 \quad\quad :2$$
$$\frac{1}{3} \triangleq 8 \text{ Kästchen}$$
$$\cdot 3 \quad\quad \cdot 3$$
$$\frac{3}{3} \triangleq 24 \text{ Kästchen}$$

$$\frac{2}{3}+\frac{1}{3}=\frac{3}{3}$$

16 Kästchen + **8 Kästchen** = 24 Kästchen

Du musst die Figur also um 8 Kästchen ergänzen. Wie du die Kästchen ergänzt, bleibt dir überlassen.

1. Teil – Aufgabe 8

a) 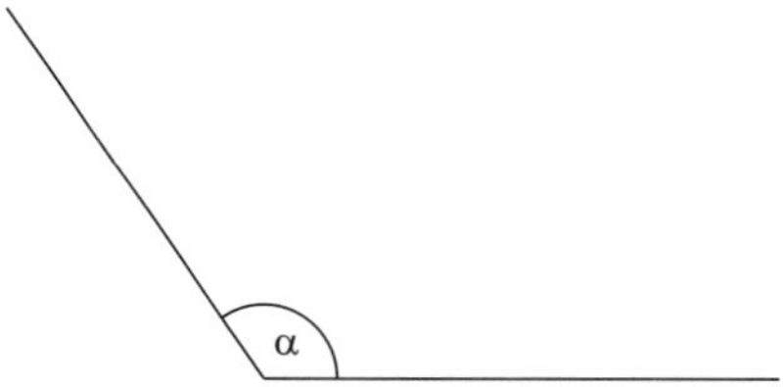

$\alpha = 125°$

Erklärung der Lösung:
Beachte, dass der Winkel größer als 90° ist, also handelt es sich um einen stumpfen Winkel.

b) $\beta + 30° = 70°$ (Scheitelwinkel)

$\beta = 70° - 30°$

$\underline{\underline{\beta = 40°}}$

Erklärung der Lösung:

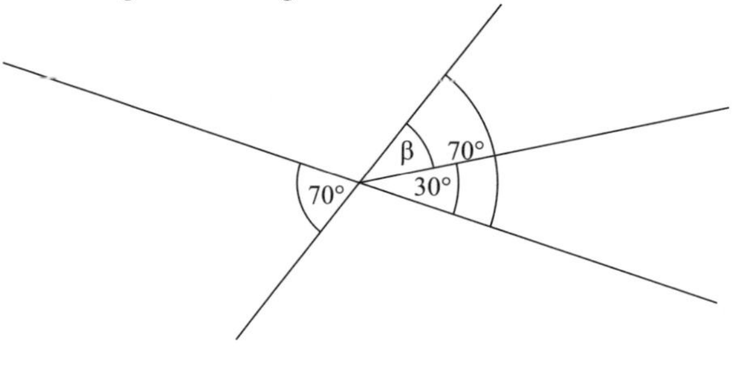

1. Teil – Aufgabe 9

Lukas hat den Eintrittspreis und den Fahrpreis gerundet und dann addiert.
Das Ergebnis hat er durch die Anzahl der Schüler dividiert.

$312{,}50 \text{ €} \approx 300 \text{ €}$
$195 \text{ €} \approx 200 \text{ €}$
$300 \text{ €} + 200 \text{ €} = 500 \text{ €}$
$500 \text{ €} : 25 = 20 \text{ €}$

1. Teil – Aufgabe 10

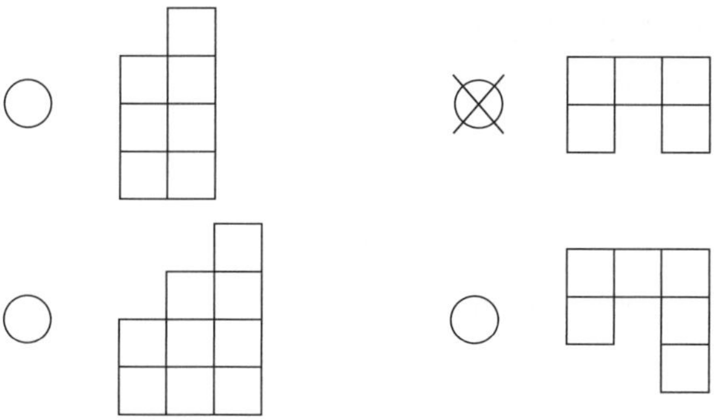

Erklärung der Lösung:
Blickt man von oben auf den Körper sieht man 3 Steine nebeneinander sowie rechts und links einen Stein vorgesetzt.

2. Teil (mit Taschenrechner)

Lösungs-Tipps zum 2. Teil

Die folgenden Tipps verraten dir schrittweise einen möglichen Lösungsweg. Lies also den zweiten Tipp erst, wenn du mit dem ersten nicht weitergekommen bist.

Tipps zu Aufgabe 11

a)

Berechne die gesuchte Menge mit dem Dreisatz.

b)

Dividiere die Kosten durch die Anzahl der Waffeln.

Addiere dann den gewünschten Gewinn pro verkaufte Waffel.

Tipps zu Aufgabe 12

a)

Rechne mit dem Dreisatz.

Berechne zuerst 1 % von 75 kg. Schließe dann auf 12 %.

b)

Wandle zuerst in die gleiche Einheit um.

Berechne dann durch Division die gesuchte Anzahl.

c)

Rechne mit dem Dreisatz.

Berechne zuerst $\frac{1}{5}$ von 65 kg. Schließe dann auf $\frac{2}{5}$.

Tipps zu Aufgabe 13

Denke an die Eigenschaften eines Parallelogramms.

Gegenüberliegende Seiten sind gleich lang und parallel zueinander.

Beachte die Maße der Seiten und Winkel und zeichne ganz genau.

Tipps zu Aufgabe 14

a)

Rechne mit dem Dreisatz.

Berechne zuerst 1 % von 25 000. Schließe dann auf 48,1 %.

b)

Überlege: Wie viel Prozent bedeutet „jeder Zweite“?

c)

- Berechne, wie viel Prozent 11 Schüler von 25 Schülern sind.
- Vergleiche dein Ergebnis mit den Angaben im Diagramm.

Tipps zu Aufgabe 15

- Verwende den Satz des Pythagoras.
- Welche Seite liegt dem rechten Winkel gegenüber (Hypotenuse)?
- Finde die Seiten, die den rechten Winkel einschließen (Katheten).
- Stelle den Satz des Pythagoras für deine beschriftete Skizze auf.
- „Runde auf Zentimeter" bedeutet bei Angaben in Metern, runde auf die 2. Stelle nach dem Komma.

Tipps zu Aufgabe 16

- Zähle bei jedem Glücksspiel die Anzahl der günstigen Ausgänge für den Gewinn.
- Setze diese Anzahl ins Verhältnis zur Gesamtzahl aller möglichen Ausgänge.
- Vergleiche die Wahrscheinlichkeiten.

Tipps zu Aufgabe 17

- Fasse auf der linken Seite der Gleichung alle Glieder ohne Variable zusammen.
- Ordne, indem du alle Glieder mit Variablen nach links und alle Glieder ohne Variable nach rechts bringst.
- Isoliere die Variable.

Tipps zu Aufgabe 18

- Versuche, für jeden Text selbst eine Gleichung aufzustellen und vergleiche.

Tipps zu Aufgabe 19

- Das Volumen des Steins entspricht der verdrängten Wassermenge.
- Schreibe die gegebenen Größen auf.
- Berechne das Volumen der verdrängten Flüssigkeit mit der Volumenformel für Zylinder: $V = \pi \cdot r^2 \cdot h_k$

Tipps zu Aufgabe 20

- Stelle einen Bezug zur Größe des Mannes her, um einen Schätzwert für die Körperhöhe und den Durchmesser der Grundfläche zu finden.
- Bei dem Körper handelt es sich um einen Kegel.

Tipps zu Aufgabe W1

a)

- Achte auf ein korrektes Übertragen der Zeichnung. Beachte den Maßstab.

b)

- Die 1. Koordinate eines Punktes ist der x-Wert, die 2. Koordinate ist der y-Wert.
- Eine Figur soll an einem Punkt gespiegelt werden, das bedeutet Punktspiegelung.
- Eine Punktspiegelung ist eine Drehung um 180° (Halbdrehung).
- Ziehe jeweils eine Verbindungslinie von S zu den Originalpunkten A, B und C.
- Verlängere diese über S hinaus und trage dann jeweils die Entfernungen $\overline{SA}$, $\overline{SB}$ und $\overline{SC}$ auf der anderen Seite von S ab. So erhältst du A', B' und C'.

c)

- Bestimme die Länge der Grundseite und die Länge der Höhe des Dreiecks aus dem Koordinatensystem.
- Wie lautet die Formel zur Berechnung der Fläche eines Dreiecks?

d)

- Beide Dreiecke haben die gleiche Grundseite $\overline{AB}$.
- Da die Flächeninhalte der Dreiecke auch gleich groß sein sollen, müssen die Höhen beider Dreiecke gleich lang sein.
- Der gesuchte Punkt muss auf einer Parallelen zur Grundseite $\overline{AB}$ im Abstand von 4 cm liegen.

Tipps zu Aufgabe W2

a)

- Berechne mit dem Dreisatz 1,1 % von 49 Mio. Einwohner.
- Addiere dein Ergebnis zu den 49 Mio.

b)

- Versuche, die Landfläche auszuzählen (1 Kästchen $\hat{=}$ 10 000 km^2).

oder:

- Versuche, die Landfläche auf eine Figur zu beziehen, deren Flächeninhalt du leicht berechnen kannst.

c)

- Berechne die Bevölkerungsdichte von Berlin und Johannesburg, indem du jeweils die Einwohnerzahl durch die Fläche dividierst.
- 1 Mio. = 1 000 000

Tipps zu Aufgabe W3

a)

Zähle bei dem Glücksrad die Anzahl der schwarzen Felder.

Setze diese Anzahl ins Verhältnis zur Gesamtzahl aller Felder des Glücksrades.

b)

1. Bestimme die fehlende Wahrscheinlichkeit, indem du die Anzahl der schwarzen Felder ins Verhältnis zur Gesamtzahl aller Felder des Glücksrades setzt.

   Da die Anzahl der Felder bei jedem Drehen gleich bleibt, verändern sich auch die Wahrscheinlichkeiten nicht.

2. Multipliziere die Wahrscheinlichkeiten entlang des Pfades weiß-schwarz miteinander (1. Pfadregel).

3. Die für das Ereignis günstigen Pfade sind (ww) und (ss).

   Gehe jeweils den Pfad entlang und multipliziere die Wahrscheinlichkeiten (1. Pfadregel).

   Die Wahrscheinlichkeit des gesuchten Ereignisses (2 gleiche Farben) erhältst du, indem du die Wahrscheinlichkeiten für (ww) und (ss) addierst (2. Pfadregel).

Tipps zu Aufgabe W4

a)

1. Der Mittelwert wird gebildet, indem du die Weiten aller Sprünge addierst und dann die Summe durch die Anzahl der Sprünge dividierst.

2. Trage auf der senkrechten Achse die Sprungweite in Metern ein.

   Beachte den vorgegebenen Maßstab (1 cm $\hat{=}$ 5 m) beim Skalieren dieser Achse.

   Zeichne dann die drei Säulen auf der waagerechten Achse in gleicher Breite (z. B.: 1 cm).

   Denke an die Beschriftung der Achsen und der Säulen.

b)

Berechne die Weitenpunkte. Beachte dabei, für wie viele Meter er 1,5 Punkte mehr erhält.

Berechne die Haltungspunkte. Streiche zuerst die beste und die schlechteste Note.

Errechne durch Addition die Gesamtpunktzahl.

c)

Rechne mit dem Dreisatz.

Berechne zuerst 1 % von 1,50 m. Schließe dann auf 146 %.

Lösungen zum 2. Teil

2. Teil – Aufgabe 11

a) Dreisatz:

	Anzahl der Waffeln	Gramm	
: 12	12	250 g	: 12
	1	$\frac{250\text{ g}}{12}$	
· 60	60	$\underline{\underline{1\,250\text{ g}}}$	· 60

Für 60 Waffeln benötigt man 1 250 g Mehl.

Alternative Lösung:

$$\cdot 5 \left(\begin{array}{l} 12 \text{ Waffeln} \mathrel{\hat{=}} 250\text{ g} \\ 60 \text{ Waffeln} \mathrel{\hat{=}} \underline{\underline{1\,250\text{ g}}} \end{array} \right) \cdot 5$$

b) $21\text{ €} : 60 = 0,35\text{ €}$
$0,35\text{ €} + 0,50\text{ €} = \underline{\underline{0,85\text{ €}}}$

Eine Waffel muss 0,85 € (oder 85 Cent) kosten.

2. Teil – Aufgabe 12

a) Berechne 12 % von 75 kg.
Dreisatz:

	Prozent	Kilogramm	
: 100	100 %	75 kg	: 100
· 12	1 %	0,75 kg	· 12
	12 %	$\underline{\underline{9\text{ kg}}}$	

Das Skelett wiegt 9 kg.

b) 46 cm = 460 mm
460 mm : 4 mm = $\underline{\underline{115}}$

Es müssen 115 Steigbügel der Länge nach aneinandergelegt werden.

c) Berechne $\frac{2}{5}$ von 65 kg.

Dreisatz:

	Anteil	Kilogramm	
	$\frac{5}{5}$	65 kg	
$:5$			$:5$
	$\frac{1}{5}$	13 kg	
$\cdot 2$			$\cdot 2$
	$\frac{2}{5}$	$\underline{\underline{26\text{ kg}}}$	

Die Muskeln eines 65 kg schweren Menschen wiegen 26 kg.

Alternative Lösung:

$\cdot 2$ ($\frac{1}{5}$ von 65 kg sind $\frac{1}{\cancel{5}_1} \cdot \cancel{65}^{13} = 13$ kg) $\cdot 2$

$\frac{2}{5}$ von 65 kg sind $\underline{\underline{26\text{ kg}}}$

Oder:

$\frac{2}{\cancel{5}_1} \cdot \cancel{65}^{13}\text{ kg} = \underline{\underline{26\text{ kg}}}$

2. Teil – Aufgabe 13

gegeben: a = 4,2 cm
d = 3,5 cm
$\alpha = 60°$

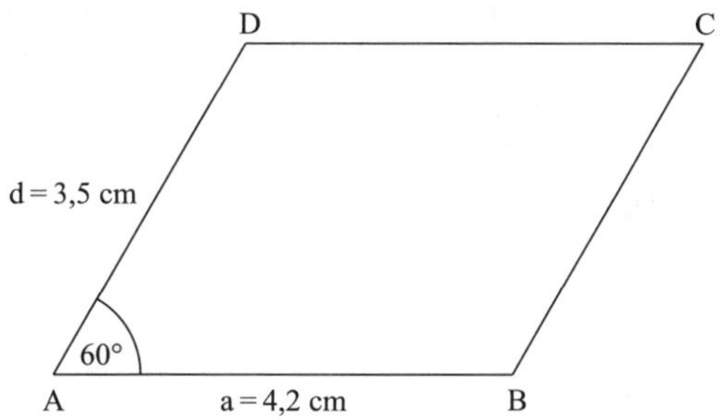

2. Teil – Aufgabe 14

a) Dreisatz:

	Prozent	Anzahl der Personen	
: 100 (	100 %	25 000	) : 100
	1 %	250	
· 48,1 (	48,1 %	<u>12 025</u>	) · 48,1

12 025 Handybesitzer benutzen ihr Handy als Adressbuch.

b) „Jeder Zweite“ bedeutet 50 %. Laut Diagramm verschicken sogar 54,6 % der befragten Personen eine SMS. Das sind also mehr als 50 % und somit mehr als „jeder Zweite“. Marc hat recht.

c) Wie viel % sind 11 Schüler von 25 Schülern?

Dreisatz:

	Anzahl der Schüler	Prozent	
: 25 (	25	100 %	) : 25
	1	4 %	
· 11 (	11	<u>44 %</u>	) · 11

In Annas Klasse nutzen 44 % das Handy als Taschenrechner. In der Umfrage sind es 28,3 % der Handybesitzer. Der Prozentsatz von Annas Umfrage ist größer als der im Diagramm.

2. Teil – Aufgabe 15

Satz des Pythagoras:

$c^2 = a^2 + b^2$

$c^2 = (1{,}55\text{ m})^2 + (1{,}45\text{ m})^2$

$c^2 = 2{,}4025\text{ m}^2 + 2{,}1025\text{ m}^2$

$c^2 = 4{,}505\text{ m}^2 \quad |\sqrt{}$

$\underline{\underline{c \approx 2{,}12\text{ m}}}$

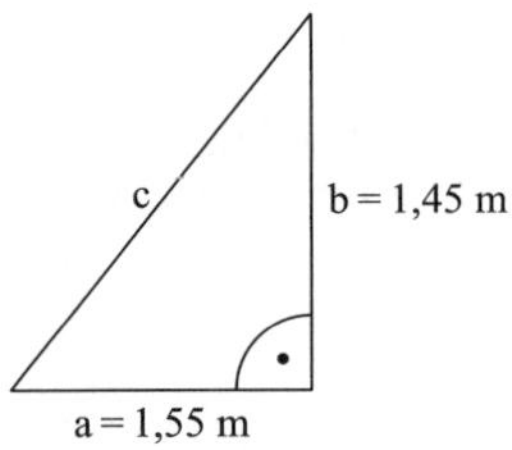

Die Leiter hat eine Länge von ungefähr 2,12 m.

2. Teil – Aufgabe 16

Glücksspiel 1:
Gerade Augenzahl bedeutet 2, 4 oder 6.
Von insgesamt 6 möglichen Ausgängen beim Würfeln sind also 3 günstig.

Wahrscheinlichkeit (gerade Augenzahl) $= \frac{3}{6} = \underline{\underline{\frac{1}{2}}}$

Glücksspiel 2:
Division durch 3 ohne Rest bedeutet:
$3:3=1$
$6:3=2$
$9:3=3$
Von insgesamt 10 möglichen Ausgängen beim Drehen des Glücksrades sind also 3 günstig.

Wahrscheinlichkeit (ohne Rest durch 3 teilbar) $= \underline{\underline{\frac{3}{10}}}$

Vergleich: $\frac{1}{2} > \frac{3}{10}$, in Worten: 3 von 6 ist besser als 3 von 10.

Beim Glücksspiel 1 ist die Wahrscheinlichkeit zu gewinnen größer.

2. Teil – Aufgabe 17

$$
\begin{aligned}
14+12x-9 &= 3x+32 && |\ \text{zusammenfassen}\\
12x+5 &= 3x+32 && |-3x\\
9x+5 &= 32 && |-5\\
9x &= 27 && |:9\\
\underline{\underline{x}} &\underline{\underline{= 3}}
\end{aligned}
$$

2. Teil – Aufgabe 18

Zur Gleichung passt der Text **C**.

Hinweis:
Es werden 3 Eintrittskarten zum Preis x gekauft: 3x. Weiterhin kaufen die Freunde für 12 € Eis. Diesen Wert muss man zu 3x addieren, um auf den Gesamtpreis von 21 € zu kommen.

2. Teil – Aufgabe 19

gegeben: $d = 6\text{ cm} \Rightarrow r = 3\text{ cm}$
$h_k = 1{,}5\text{ cm}$ (Körperhöhe)

gesucht: Volumen V

Lösung: Es handelt sich um einen Zylinder.

$V = \pi \cdot r^2 \cdot h_k$

$V = \pi \cdot (3\text{ cm})^2 \cdot 1{,}5\text{ cm}$

$V \approx 42{,}41\text{ cm}^3$

$\underline{\underline{V \approx 42\text{ cm}^3}}$

Der Stein hat ein Volumen von ungefähr 42 cm^3.

2. Teil – Aufgabe 20

gegeben: Annahme: Größe des Mannes 1,80 m
Höhe des Kegels $h_k \approx 4 \cdot 1{,}80\text{ m} = 7{,}20\text{ m}$
Durchmesser $d \approx 3 \cdot 1{,}80\text{ m} = 5{,}40\text{ m} \Rightarrow r = 2{,}70\text{ m}$

gesucht: Volumen V

Lösung: Es handelt sich um einen Kegel.

$$V = \frac{1}{3} \cdot \pi \cdot r^2 \cdot h_k$$

$$V = \frac{1}{3} \cdot \pi \cdot (2{,}70\text{ m})^2 \cdot 7{,}20\text{ m}$$

$V \approx 54{,}97\text{ m}^3$

$\underline{\underline{V \approx 55\text{ m}^3}}$

Der Holzstapel hat ein Volumen von ungefähr 55 m^3.

Hinweis:
Als geschätzter Radius der Grundfläche wird jede Angabe zwischen 2,3 m und 2,7 m akzeptiert. Als geschätzte Höhe des Kegels wird jede Angabe zwischen 6 m und 9 m akzeptiert (Orientierung an der Körpergröße des Mannes).
Beachte bei dieser Aufgabe, dass dein Ergebnis von dem gerechneten Beispiel abweichen kann, falls du andere Ausgangsmaße gewählt hast.

2. Teil – Aufgabe W1

a)
b)

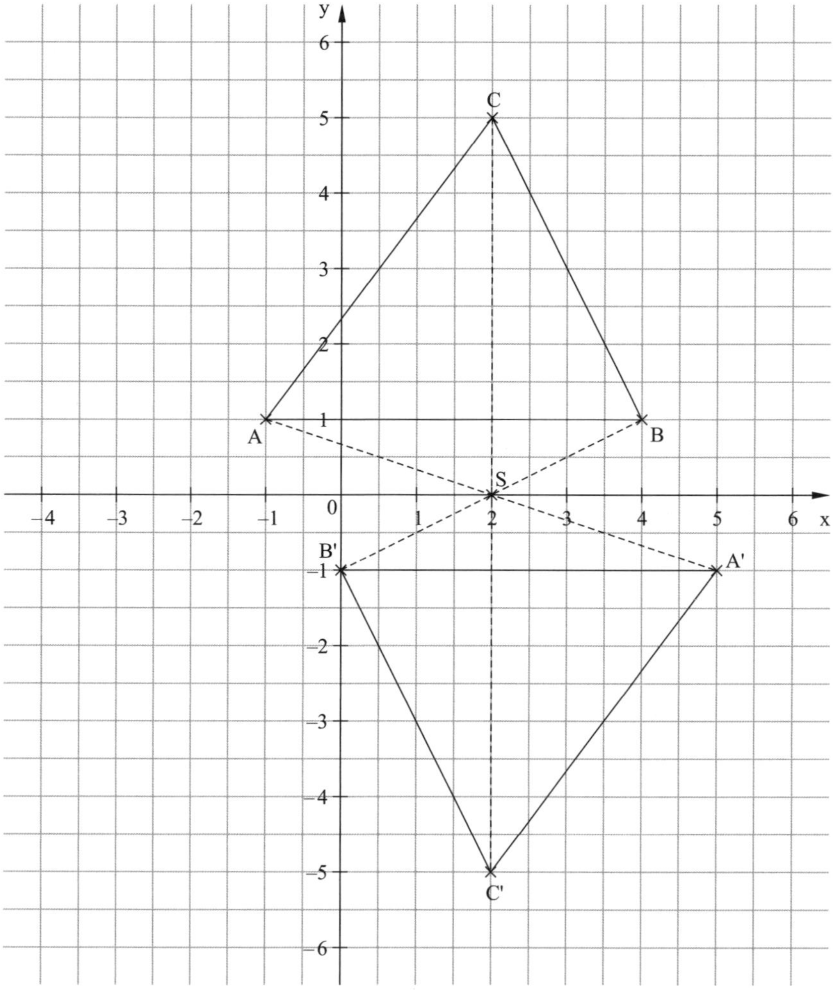

c) gegeben: $\overline{AB} = g = 5\text{ cm}$
$h_g = 4\text{ cm}$

gesucht: A

Lösung: $A = \dfrac{g \cdot h_g}{2}$

$A = \dfrac{5\text{ cm} \cdot 4\text{ cm}}{2}$

$\underline{\underline{A = 10\text{ cm}^2}}$

d) 1.

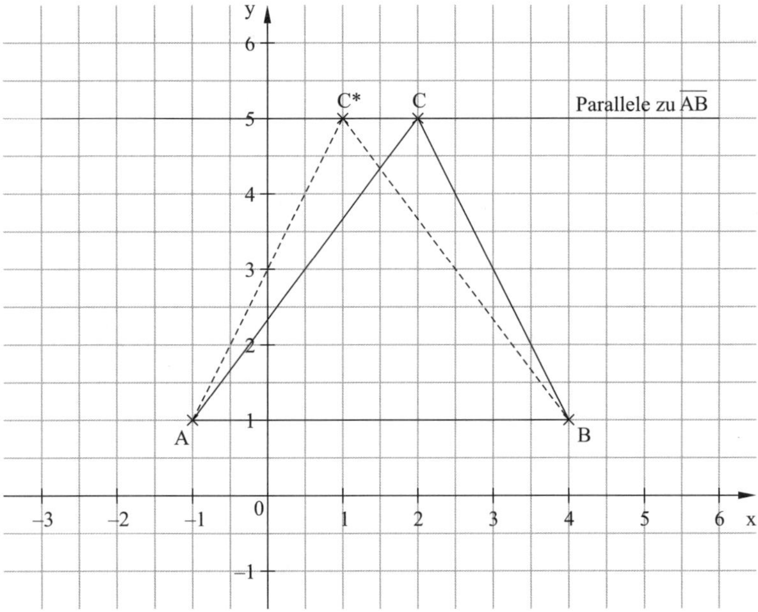

Hinweis:
In die Zeichnung wurde ein möglicher Punkt C* eingetragen.
Alle Punkte C* sind richtig, wenn sie auf der Parallelen zur Grundseite $\overline{AB}$ im Abstand von 4 cm liegen.

2. Begründung für die Lage von C*:
Die Dreiecke ABC und ABC* haben die gleiche Grundseite $\overline{AB}$. Da der Flächeninhalt des neuen Dreiecks ABC* genauso groß sein soll wie der Flächeninhalt des Dreiecks ABC, müssen die Höhen beider Dreiecke gleich lang sein.

2. Teil – Aufgabe W2

a) 1,1 % von 49 Mio. Einwohner:

	Prozent	Einwohner	
: 100	100 %	49 Mio.	: 100
· 1,1	1 %	0,49 Mio.	· 1,1
	1,1 %	0,539 Mio.	

$49 \text{ Mio.} + 0{,}539 \text{ Mio.} = \underline{\underline{49{,}539 \text{ Mio.}}}$

Im November 2009 hatte Südafrika 49,539 Mio. Einwohner.

Alternative Lösung:

	Prozent	Einwohner	
: 100	100 %	49 Mio.	: 100
· 101,1	1 %	0,49 Mio.	· 101,1
	101,1 %	49,539 Mio.	

b) Die Fläche Südafrikas beträgt etwa 1,2 Mio. km^2.

Beschreibung der Vorgehensweise:
In der Fläche liegen annähernd 120 Kästchen.
$120 \cdot 10\,000 \text{ km}^2 = 1\,200\,000 \text{ km}^2 = 1{,}2 \text{ Mio. km}^2$

Alternative Lösung:

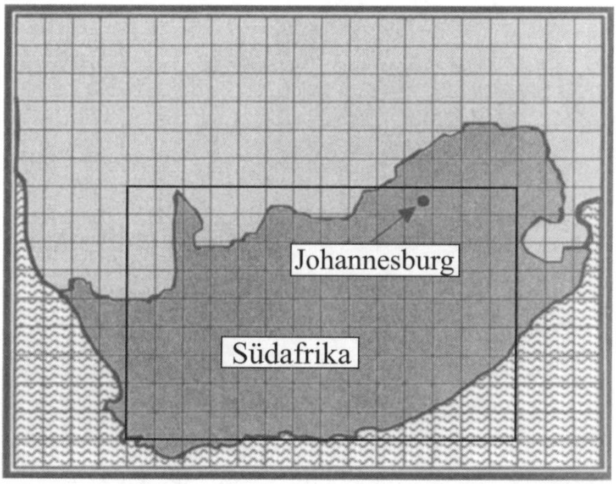

Um die Landfläche Südafrikas wird ein Rechteck gesetzt (mit a = 14 Kästchen und b = 9 Kästchen), das ungefähr den gleichen Flächeninhalt hat.

$A = a \cdot b$

$A = 14 \cdot 9$

$A = 126$ (Kästchen)

$126 \cdot 10\,000\ \text{km}^2 = 1\,260\,000\ \text{km}^2 = 1{,}26$ Mio. km^2

Hinweis:
Alle Angaben zwischen 1,0 Mio. km^2 und 1,4 Mio. km^2 werden beim Flächeninhalt akzeptiert.

c) Bevölkerungsdichte von Berlin:

$3\,400\,000 : 892 = 3\,811{,}659\ldots$ Einwohner pro $\text{km}^2 \approx \underline{\underline{3\,800 \text{ Einwohner pro km}^2}}$

Bevölkerungsdichte von Johannesburg:

$3\,200\,000 : 1\,644 = 1\,946{,}472\ldots$ Einwohner pro $\text{km}^2 \approx \underline{\underline{1\,900 \text{ Einwohner pro km}^2}}$

Ja, Alex hat recht. Die Bevölkerungsdichte von Berlin ist ungefähr doppelt so groß ($3\,800 = 2 \cdot 1\,900$) wie die von Johannesburg.

2. Teil – Aufgabe W3

a) 4 Felder von 8 gleich großen Feldern sind schwarz.

Wahrscheinlichkeit (schwarz) $= \frac{4}{8} = \underline{\underline{\frac{1}{2} = 0{,}5 = 50\ \%}}$

b) 1.

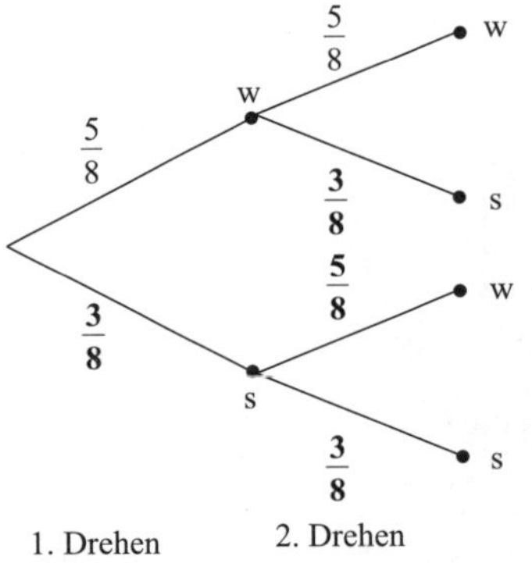

Hinweis:
3 von 8 Feldern sind schwarz $\Rightarrow$ Wahrscheinlichkeit (schwarz) $= \frac{3}{8}$

2. Wahrscheinlichkeit (weiß, schwarz) $= \frac{5}{8} \cdot \frac{3}{8} = \underline{\underline{\frac{15}{64}}}$

3. Wahrscheinlichkeit (weiß, weiß) $= \frac{5}{8} \cdot \frac{5}{8} = \frac{25}{64}$

   Wahrscheinlichkeit (schwarz, schwarz) $= \frac{3}{8} \cdot \frac{3}{8} = \frac{9}{64}$

   Wahrscheinlichkeit (zwei gleiche Farben) $= \frac{25}{64} + \frac{9}{64} = \frac{34}{64} = \underline{\underline{0{,}53125 \approx 53\ \%}}$

2. Teil – Aufgabe W4

a) 1. $\frac{40\text{ m} + 15\text{ m} + 35\text{ m}}{3} = \frac{90\text{ m}}{3} = \underline{\underline{30\text{ m}}}$

2. 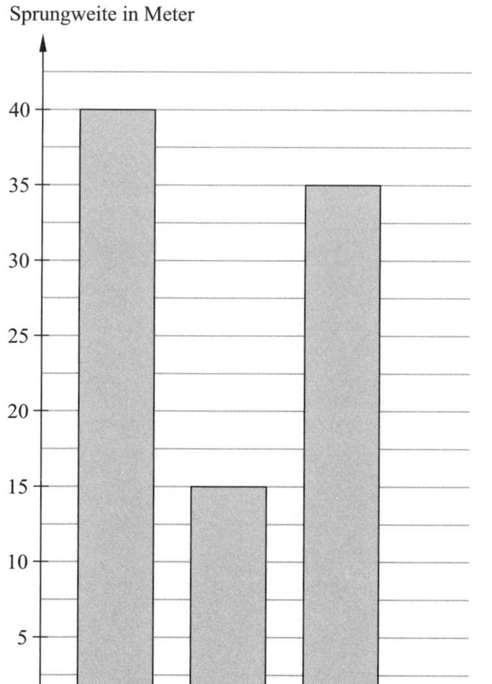

b) Weitenpunkte: $30 + 6 \cdot 1{,}5 = 39$ Punkte
Haltungspunkte: $19 + 19{,}5 + 18{,}5 = 57$ Punkte
Gesamtpunkte: $39 + 57 = \underline{\underline{96 \text{ Punkte}}}$

Oliver hat für seinen Sprung 96 Punkte erhalten.

c) Dreisatz:

	Prozent	Länge	
	100 %	1,50 m	
: 100			: 100
	1 %	0,015 m	
· 146			· 146
	146 %	$\underline{\underline{2{,}19 \text{ m}}}$	

Seine Sprungski haben eine Länge von 2,19 m (219 cm).

Abschlussprüfung an Hauptschulen in Hessen 2011
Mathematik

1. Teil (ohne Taschenrechner)

1. Teil – Aufgabe 1

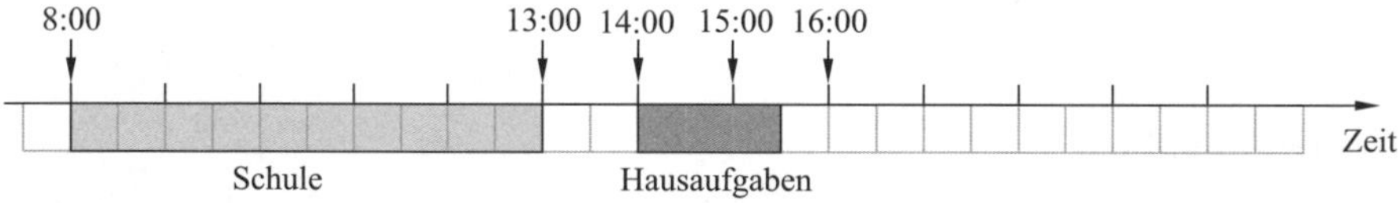

Erklärung der Lösung:
Beschrifte weitere Uhrzeiten auf der Zeitachse. Ein Kästchen entspricht einer halben Stunde, also entsprechen 2 Kästchen einer Stunde und 3 Kästchen 1,5 Stunden. Male die 3 Kästchen aus, die dem Zeitraum von 14:00 bis 15:30 Uhr entsprechen.

1. Teil – Aufgabe 2

a) $12{,}4 - 8{,}6 = \mathbf{3{,}8}$

Erklärung der Lösung:
Schreibe stellengerecht untereinander.

$$\begin{array}{r} 12{,}4 \\ -\ 8{,}6 \\ \hline 3{,}8 \end{array}$$

b) $100 - 30 \cdot 2 = \mathbf{40}$

Erklärung der Lösung:
Beachte die Punkt-vor-Strich-Regel.

$$\begin{aligned} & 100 - 30 \cdot 2 \\ = & 100 - 60 \\ = & \underline{\underline{40}} \end{aligned}$$

c) $43{,}8 : 6 = \mathbf{7{,}3}$

Erklärung der Lösung:
Dividiere schriftlich.

$$\begin{array}{l} 43{,}8 : 6 = \underline{\underline{7{,}3}} \\ \underline{42} \\ \ \ 18 \\ \ \ \underline{18} \\ \ \ \ \ 0 \end{array}$$

d) $\frac{2}{3}$ von 900 € = **600 €**

Erklärung der Lösung:

Berechne zuerst $\frac{1}{3}$ von 900 €. $\Rightarrow$ 900 € : 3 = 300 €

Schließe dann auf $\frac{2}{3}$ von 900 €. $\Rightarrow$ 300 € · 2 = $\underline{\underline{600\ €}}$

1. Teil – Aufgabe 3

Der Flächeninhalt beträgt **17 cm²**.

Erklärung der Lösung:

Zerlege die Figur in geeignete Teilflächen und addiere deren Flächeninhalte.

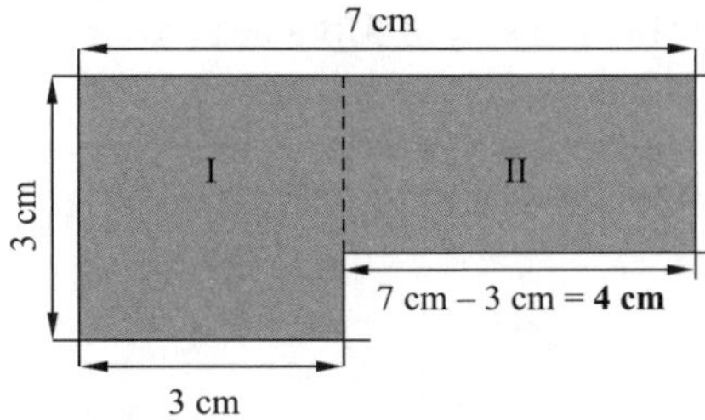

$A_I = a \cdot a$	$A_{II} = a \cdot b$	$A_{gesucht} = A_I + A_{II}$
$A_I = 3\text{ cm} \cdot 3\text{ cm}$	$A_{II} = 4\text{ cm} \cdot 2\text{ cm}$	$A_{gesucht} = 9\text{ cm}^2 + 8\text{ cm}^2$
$A_I = 9\text{ cm}^2$	$A_{II} = 8\text{ cm}^2$	$\underline{\underline{A_{gesucht} = 17\text{ cm}^2}}$

oder:

Ergänze die Figur auf geeignete Weise und berechne dann den Flächeninhalt der gesamten Figur. Subtrahiere vom Ergebnis den Flächeninhalt der ergänzten Fläche.

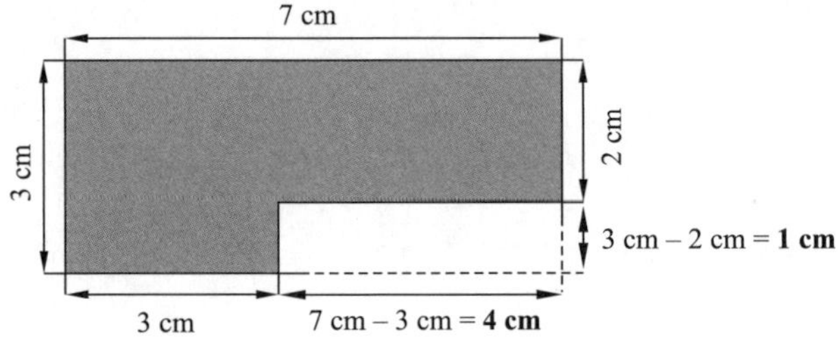

$A_{gesamt} = a \cdot b$	$A_{ergänzt} = a \cdot b$	$A_{gesucht} = A_{gesamt} - A_{ergänzt}$
$A_{gesamt} = 3\text{ cm} \cdot 7\text{ cm}$	$A_{ergänzt} = 4\text{ cm} \cdot 1\text{ cm}$	$A_{gesucht} = 21\text{ cm}^2 - 4\text{ cm}^2$
$A_{gesamt} = 21\text{ cm}^2$	$A_{ergänzt} = 4\text{ cm}^2$	$\underline{\underline{A_{gesucht} = 17\text{ cm}^2}}$

Der Umfang beträgt **20 cm**.

Erklärung der Lösung:
Der Umfang ist die Summe aller Seiten.
$u = 3\text{ cm} + 1\text{ cm} + 4\text{ cm} + 2\text{ cm} + 7\text{ cm} + 3\text{ cm}$
$\underline{\underline{u = 20\text{ cm}}}$

oder:
Ergänze die Figur durch Verschieben von 2 Seiten zu einem Rechteck und benutze die Umfangsformel für Rechtecke.
$u = 2 \cdot a + 2 \cdot b$
$u = 2 \cdot 7\text{ cm} + 2 \cdot 3\text{ cm}$
$u = 14\text{ cm} + 6\text{ cm}$
$\underline{\underline{u = 20\text{ cm}}}$

1. Teil – Aufgabe 4

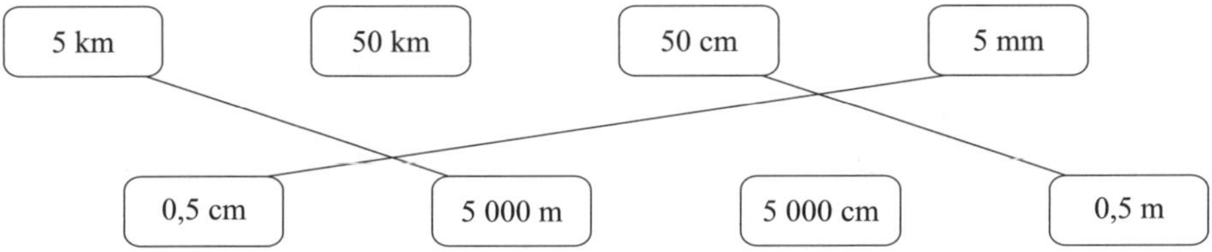

Erklärung der Lösung:
Beachte die Regeln für das Umrechnen von Längenmaßen.

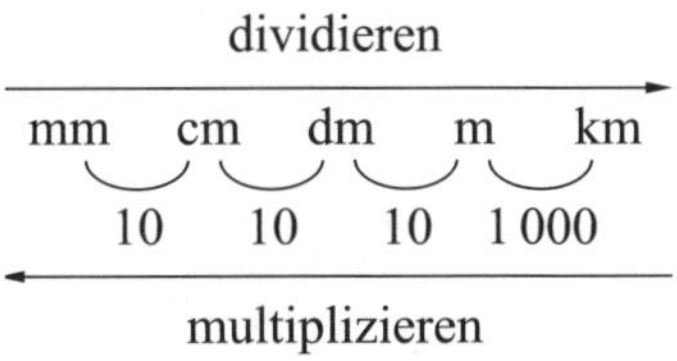

1. Teil – Aufgabe 5

M	L	Z	P	O
☒	☐	☐	☐	☒

Erklärung der Lösung:
Der Buchstabe M hat eine Symmetrieachse: 

Der Buchstabe O hat zwei Symmetrieachsen: 

1. Teil – Aufgabe 6

Anzahl der CDs: **12 000**

In einer Schicht befinden sich $10 \cdot 6 = 60$ CDs.
Die Höhe der Kiste beträgt 20 cm = 200 mm.
Da eine CD 1 mm dick ist, passen also 200 CDs (Schichten) übereinander.

$$\text{Gesamtzahl der CDs} = 60\,\frac{\text{CDs}}{\text{Schicht}} \cdot 200\ \text{Schichten}$$
$$= \underline{\underline{12\,000\ \text{CDs}}}$$

1. Teil – Aufgabe 7

Neuer Preis: **280 €**

Der Preis des Fahrrads beträgt noch 100 % – 20 % = 80 % des ursprünglichen Preises.
Dreisatz:

	Prozent	Geld	
: 10	100 %	350 €	: 10
· 8	10 %	35 €	· 8
	80 %	$\underline{\underline{280\ €}}$	

oder:

$\cdot 2$ (10 % von 350 € = 35 €) $\cdot 2$
20 % von 350 € = 70 €

alter Preis – Preissenkung = neuer Preis
350 € – 70 € = $\underline{\underline{280\ €}}$

1. Teil – Aufgabe 8

Anzahl der Flächen: **9**

Erklärung der Lösung:

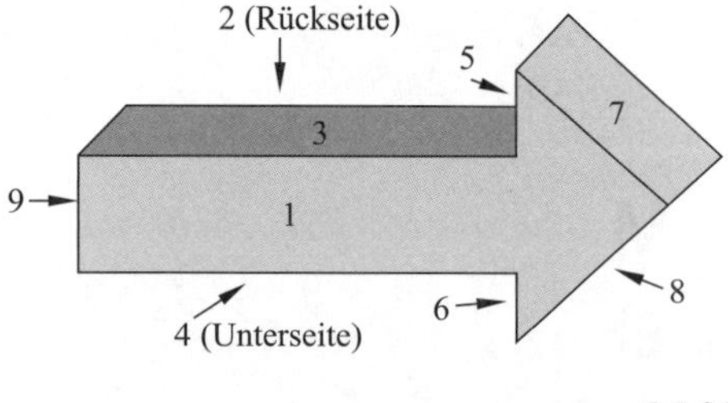

2. Teil (mit Taschenrechner)

Lösungs-Tipps zum 2. Teil

Die folgenden Tipps verraten dir schrittweise einen möglichen Lösungsweg. Lies also den zweiten Tipp erst, wenn du mit dem ersten nicht weitergekommen bist.

Tipps zu Aufgabe 9

- Überlege, ob es sich um eine proportionale oder eine antiproportionale Zuordnung handelt.
- Rechne mit dem Dreisatz.

Tipps zu Aufgabe 10

a)

- Zeichne die Strecke $\overline{AC} = b = 4$ cm.
- Trage die Winkel α und γ in den Punkten A und C an.
- Der Schnittpunkt der Schenkel ist Punkt B.
- Beachte, dass alle Eckpunkte beschriftet werden müssen.

b)

- Die allgemeine Flächenformel für Dreiecke lautet: $A = \frac{g \cdot h_g}{2}$
- Bestimme für das gezeichnete Dreieck die Grundseite g und die dazugehörige Höhe h_g.

oder:

- Verdopple das gegebene rechtwinklige Dreieck zu einem Rechteck und stelle dafür die Flächenformel auf.

Tipps zu Aufgabe 11

- Fertige eine Skizze mit Beschriftung an.
- Es handelt sich um ein rechtwinkliges Dreieck.
- Kennzeichne die Hypotenuse und die Katheten in deiner Skizze.
- Stelle den Satz des Pythagoras für deine beschriftete Skizze auf und berechne die gesuchte Seite.
- Beachte: Das Ergebnis muss auf Zentimeter gerundet werden.

Tipps zu Aufgabe 12

a)

- Miss im Netz die Länge a, die Breite b und die Höhe c ganz genau.
- Schreibe die gegebenen und gesuchten Größen auf.
- Berechne das Volumen des Quaders mit der Formel $V = a \cdot b \cdot c$.
- Achte auf die richtige Volumeneinheit im Ergebnis.

b)

- „Verdreifachen" bedeutet „mal 3".
- Es werden 2 Längen verdreifacht.
- Du kannst auch 2 Maße aus Aufgabe a verdreifachen und überprüfen, was mit dem Ergebnis geschieht.

Tipps zu Aufgabe 13

- Versuche, den Text schrittweise in die Sprache der Mathematik zu übersetzen.
- „Das Neunfache" heißt „mal 9".
- „Vermindert" bedeutet „minus".
- „Ist genauso groß" bedeutet „=".
- „Das Doppelte" bedeutet „mal 2".

Tipps zu Aufgabe 14

- Fasse auf der linken Seite der Gleichung alle Glieder ohne Variable und auf der rechten Seite alle Glieder mit Variable zusammen.
- Ordne, indem du alle Glieder mit Variable nach links und alle Glieder ohne Variable nach rechts bringst.
- Isoliere die Variable.

Tipps zu Aufgabe 15

a)

- Überlege, welche Anzahl einem Abschnitt auf der y-Achse entspricht.

b)

- In dem Säulendiagramm sind die absoluten Werte angegeben.
- Lies den Zahlenwert für Österreich aus dem Diagramm ab.
- In der Angabe erfährst du, wie viele Personen insgesamt befragt wurden.
- Berechne, wie viel Prozent der befragten Personen Österreich genannt haben.
- Du kannst auch überlegen, wie viele Personen hätten befragt werden müssen, damit 5 Personen 5 % entsprechen.

Tipps zu Aufgabe 16

- Bei dem Strohballen handelt es sich um einen Zylinder.
- Stelle einen Bezug zur Größe des Mädchens her, um Schätzwerte für den Durchmesser der Grundfläche und für die Körperhöhe zu finden.
- Die Volumenformel für Zylinder lautet $V = \pi \cdot r^2 \cdot h$.
- Rechne in Metern, damit du die Masse leichter bestimmen kannst.

Tipps zu Aufgabe W1

a)

- Die 1. Koordinate eines Punktes ist der x-Wert, die 2. Koordinate ist der y-Wert.

b)

- Zeichne alle Spiegelachsen in die graue Gesamtfigur ein.

c)

- Lies den Radius des Kreises aus dem Koordinatensystem ab.
- Berechne die Fläche des Kreises mit der Formel $A = \pi \cdot r^2$.
- „Runde das Ergebnis auf zehntel“ bedeutet „runde auf eine Nachkommastelle“.

d)

- Die allgemeine Formel für die Fläche des Quadrates lautet $A = a \cdot a$.
- Überlege, wie lang eine Seite des Quadrates in deinem Koordinatensystem ist.
- Setze diese Länge in die Flächenformel für Quadrate ein.

Tipps zu Aufgabe W2

a)

- Zähle bei jedem Würfel die Anzahl der Felder mit einer „Drei“.
- Setze diese Anzahl ins Verhältnis zur Gesamtzahl aller Felder eines jeden Würfels.

b)

- Zeichne für das zweimalige Würfeln ein Baumdiagramm.
- Überlege, mit welcher Wahrscheinlichkeit eine „Eins“ fällt.
- Da die Anzahl der Felder bei jedem Wurf gleich bleibt, verändern sich auch die Wahrscheinlichkeiten nicht.
- Multipliziere die Wahrscheinlichkeiten entlang des Pfades „Eins – Eins“ miteinander (1. Pfadregel).

c)

- Setze die Anzahl der Felder mit einer „Sechs“ ins Verhältnis zur Gesamtzahl aller Felder eines jeden Würfels.
- Vergleiche die Ergebnisse.

d)

- Du musst 6 Felder beschriften.
- Bringe die gegebenen Wahrscheinlichkeiten durch Erweitern der Brüche auf den gemeinsamen Nenner 6.
- Der neue Zähler gibt dir an, wie viele Felder du mit der entsprechenden Zahl beschriften musst.

Tipps zu Aufgabe W3

a)

- Rechne mit dem Dreisatz.
- Beachte: Geld hat 2 Nachkommastellen.

b)

- Überlege, auf welche Grundwerte sich die Prozentsätze beziehen.
- Rechne mit dem Dreisatz.

c)

- Addiere zur New Yorker Ortszeit die Flugzeit und die Zeitverschiebung.

Tipps zu Aufgabe W4

a)

- Addiere zum Guthaben vom 09. 09. 2010 die Einnahmen und subtrahiere die Ausgaben.

b)

- Lies die benötigten Werte aus der Tabelle ab.
- Rechne mit dem Dreisatz.

c)

- Berechne die Höhe der Zinsen nach dem 1. Jahr mit dem Dreisatz.
- Addiere die Zinsen zum Guthaben.
- Berechne die Zinsen nach dem 2. Jahr ausgehend von dem neuen Guthaben.

Lösungen zum 2. Teil

2. Teil – Aufgabe 9

a) Dreisatz:

	Zeit	Wassermenge	
: 2	2 h	0,5 ℓ	: 2
· 12	1 h	0,25 ℓ	· 12
	12 h	<u>3 ℓ</u>	

oder:

	Zeit	Wassermenge	
· 6	2 h	0,5 ℓ	· 6
	12 h	<u>3 ℓ</u>	

Der Wasserhahn verliert in 12 Stunden 3 Liter Wasser.

b) Dreisatz:

	Wassermenge	Zeit	
· 2	0,5 ℓ	2 h	· 2
· 5	1 ℓ	4 h	· 5
	5 ℓ	<u>20 h</u>	

Es dauert 20 Stunden, bis der 5-Liter-Eimer voll ist.

2. Teil – Aufgabe 10

a) gegeben: Dreieck ABC mit $\alpha = 60°$
$\gamma = 90°$
$b = 4$ cm

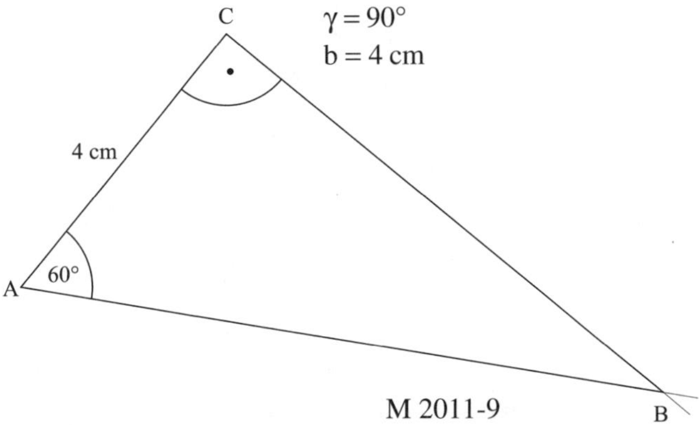

b) Ja, Elke **hat recht**.

Die allgemeine Formel zur Berechnung des Flächeninhalts von Dreiecken lautet:

$$A = \frac{g \cdot h_g}{2}$$

g: Grundseite

h_g: Höhe auf die Grundseite

Die Höhe steht immer senkrecht auf einer Seite.

Da das abgebildete Dreieck rechtwinklig ist, kann zum Beispiel c die Grundseite sein. Dann ist b die dazugehörige Höhe.

Es gilt also: $A = \frac{c \cdot b}{2}$

(Umgekehrt kann auch b die Grundseite sein und c die Höhe.)

oder:

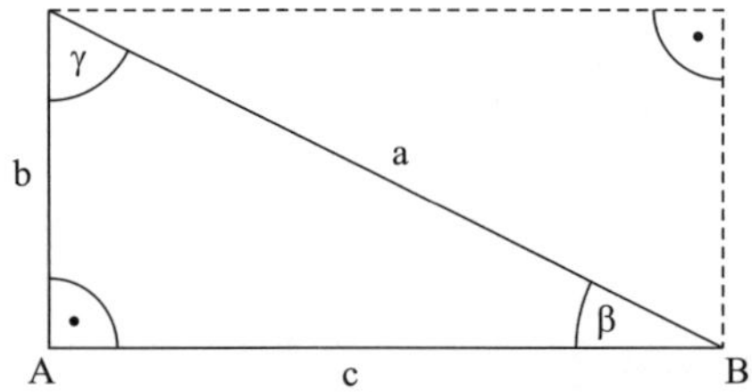

Da das Dreieck rechtwinklig ist, kann man es so zu einem Rechteck ergänzen, dass das Rechteck den doppelten Flächeninhalt hat wie das Dreieck.

Der Flächeninhalt des Rechtecks berechnet sich dann mit der Formel $A = c \cdot b$.

Somit gilt für das rechtwinklige Dreieck:

$$A = \frac{c \cdot b}{2}$$

2. Teil – Aufgabe 11

Satz des Pythagoras:

$c^2 = a^2 + b^2$

$c^2 = (72\text{ cm})^2 + (80\text{ cm})^2$

$c^2 = 11\,584\text{ cm}^2 \quad |\sqrt{}$

$c = 107{,}628\ldots\text{ cm}$

$\underline{\underline{c \approx 108\text{ cm}}}$

Skizze:

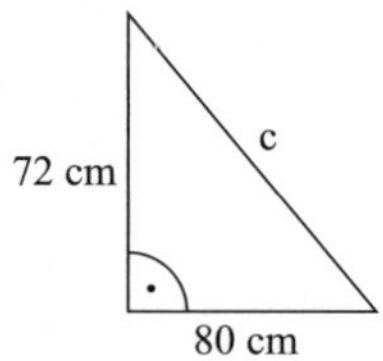

Die Holzlatte sollte ungefähr 108 cm lang sein.

2. Teil – Aufgabe 12

a) gegeben: $a = 3\text{ cm}$
$b = 2\text{ cm}$
$c = 0{,}5\text{ cm}$

gesucht: V

Lösung: $V = a \cdot b \cdot c$
$V = 3\text{ cm} \cdot 2\text{ cm} \cdot 0{,}5\text{ cm}$
$\underline{\underline{V = 3\text{ cm}^3}}$

Der Quader hat ein Volumen von 3 cm³.

b) [C] neunmal so groß.

$V = a \cdot 3 \cdot b \cdot 3 \cdot c$
$V = \mathbf{9} \cdot a \cdot b \cdot c$

oder:

$V = 3\text{ cm} \cdot 3 \cdot 2\text{ cm} \cdot 3 \cdot 0{,}5\text{ cm}$
$V = 27\text{ cm}^3$
$V = \mathbf{9} \cdot 3\text{ cm}^3$

2. Teil – Aufgabe 13

[D] $9x - 13 = 2x$

Eine Zahl	x
Das Neunfache einer Zahl	$9x$
Das Neunfache einer Zahl vermindert um 13	$9x - 13$
Das Doppelte einer Zahl	$2x$

2. Teil – Aufgabe 14

$$\begin{aligned} 15 + 6x - 3 &= 3x - 8 + x && \mid \text{zusammenfassen} \\ 6x + 12 &= 4x - 8 && \mid -4x \\ 2x + 12 &= -8 && \mid -12 \\ 2x &= -20 && \mid :2 \\ \underline{\underline{x}} &\underline{\underline{= -10}} \end{aligned}$$

2. Teil – Aufgabe 15

a) **75** Personen haben Spanien genannt.

b) Österreich wurde von 5 Personen genannt. Es wurden 250 Personen befragt.

Dreisatz:

	Personen	Prozent	
: 10	250	100 %	: 10
	25	10 %	
: 5	5	**2 %**	: 5

5 von 250 Personen sind 2 %.

oder:

	Personen	Prozent	
· 20	5	5 %	· 20
	100	100 %	

Wenn 5 Personen 5 % der Befragten wären, dann wären insgesamt nur 100 Personen befragt worden.

Bahar hat also **nicht recht**.

2. Teil – Aufgabe 16

gegeben: Annahme: Größe von Charlotte: 1,70 m
Durchmesser des Zylinders: $d \approx 1{,}60\text{ m} \Rightarrow r \approx 0{,}80\text{ m}$
Höhe des Zylinders: $h_K \approx 1{,}40\text{ m}$

gesucht: Volumen V, Masse m

Lösung:

$$V = \pi \cdot r^2 \cdot h_K$$

$$V = \pi \cdot (0{,}80\text{ m})^2 \cdot 1{,}40\text{ m}$$

$$\underline{\underline{V \approx 2{,}815\text{ m}^3}}$$

$$m = 2{,}815\ \cancel{\text{m}^3} \cdot 120\,\frac{\text{kg}}{\cancel{\text{m}^3}}$$

$$m = 337{,}8\text{ kg}$$

$$\underline{\underline{m \approx 338\text{ kg}}}$$

Der Strohballen hat eine Masse von ungefähr 338 kg.

Hinweis:
Als geschätzter Durchmesser der Grundfläche wird jede Angabe zwischen 1,40 m und 1,90 m akzeptiert. Als geschätzte Höhe des Zylinders wird jede Angabe zwischen 1,10 m und 1,70 m akzeptiert (Orientierung an der Körpergröße des Mädchens). Beachte bei dieser Aufgabe, dass dein Ergebnis von dem gerechneten Beispiel abweichen kann, falls du andere Ausgangsmaße gewählt hast.

2. Teil – Aufgabe W1

a) A(–2 | 2)
C(2 | –2)

b)

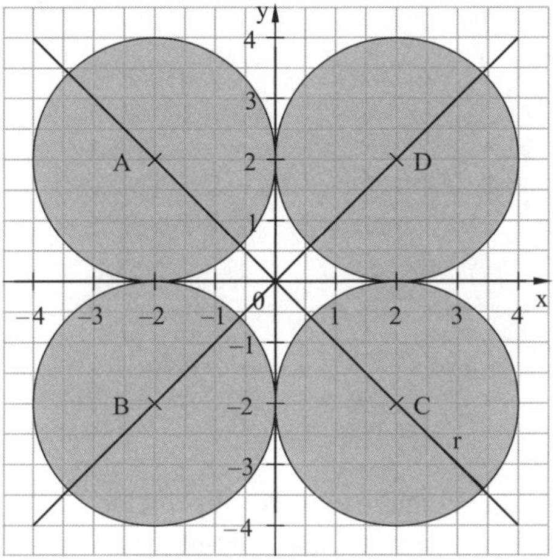

E 4 (x-Achse, y-Achse, AC, BD)

c) gegeben: r = 2 cm
gesucht: A

Lösung: $A = \pi \cdot r^2$

$A = \pi \cdot (2\text{ cm})^2$

$A = 12{,}566\ldots\text{ cm}^2$

$\underline{\underline{A \approx 12{,}6\text{ cm}^2}}$

Ein Kreis hat einen Flächeninhalt von rund 12,6 cm^2.

d) 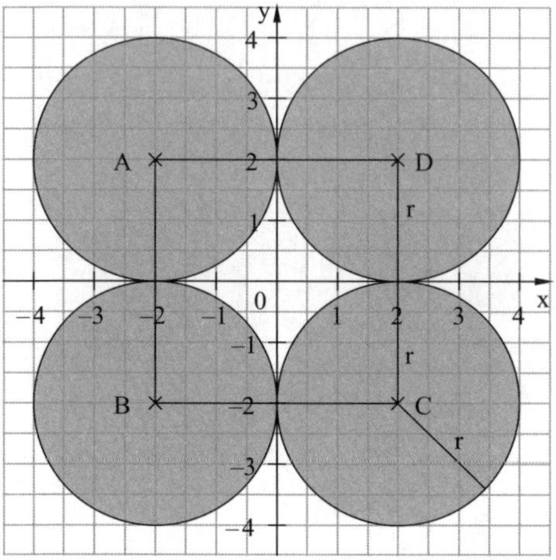

1. C $A = 2r \cdot 2r$

2. Die Seitenlänge des Quadrates ist 2r. Wenn man in die allgemeine Flächenformel für Quadrate $A = a \cdot a$ für $a = 2r$ einsetzt, ergibt sich $A = 2r \cdot 2r$.

2. Teil – Aufgabe W2

a) Spielwürfel 1:

2 Felder von 6 gleich großen Feldern tragen die Beschriftung „Drei".

$$\text{Wahrscheinlichkeit (Drei)} = \frac{2}{6} = \underline{\underline{\frac{1}{3} = 0{,}33\ldots \approx 33{,}33\ \%}}$$

Spielwürfel 2:
1 Feld von 4 gleich großen Feldern trägt die Beschriftung „Drei".

$$\text{Wahrscheinlichkeit (Drei)} = \underline{\underline{\frac{1}{4} = 0{,}25 = 25\ \%}}$$

b)

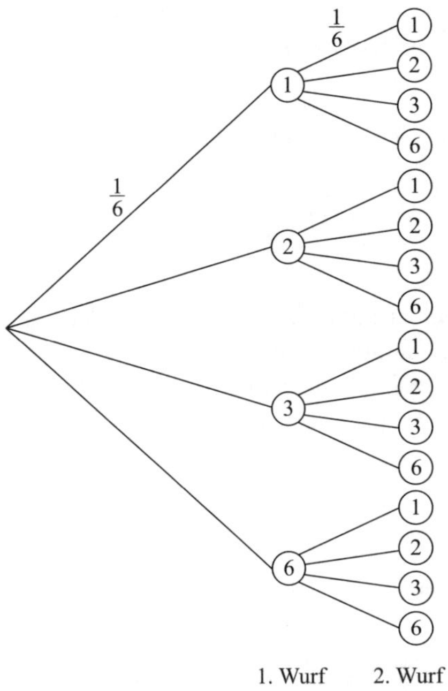

$$\text{Wahrscheinlichkeit }(1;\,1) = \frac{1}{6} \cdot \frac{1}{6} = \underline{\underline{\frac{1}{36} = 0{,}0277\ldots \approx 2{,}78\ \%}}$$

c) Paul hat **nicht recht**.

Begründung:
Spielwürfel 1:
2 Felder von 6 gleich großen Feldern tragen die Beschriftung „Sechs".

$$\text{Wahrscheinlichkeit (Sechs)} = \frac{2}{6} = \underline{\underline{\frac{1}{3}}}$$

Spielwürfel 2:
1 Feld von 4 gleich großen Feldern trägt die Beschriftung „Sechs".

$$\text{Wahrscheinlichkeit (Sechs)} = \underline{\underline{\frac{1}{4}}}$$

$$\frac{1}{4} \cdot 2 = \frac{2}{4} = \frac{1}{2} \neq \frac{1}{3}$$

$\frac{1}{3}$ ist nicht das Doppelte von $\frac{1}{4}$.

d) Zum Beispiel:

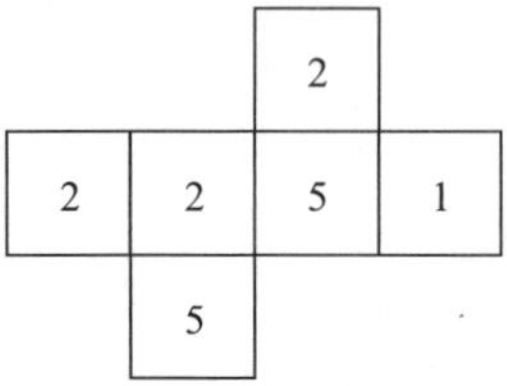

Wahrscheinlichkeit (1) $= \frac{1}{6}$

Wahrscheinlichkeit (5) $= \frac{1}{3} = \frac{2}{6}$

Wahrscheinlichkeit (2) $= \frac{1}{2} = \frac{3}{6}$

Hinweis:
Du musst ein Feld mit der Zahl 1, 2 Felder mit der Zahl 5 und 3 Felder mit der Zahl 2 beschriften. Die Anordnung der Zahlen 1, 5 und 2 ist dabei beliebig. Daher kann dein Netz vom gezeigten Beispiel abweichen.

2. Teil – Aufgabe W3

a) 1.

	Euro	Dollar	
$\cdot 800$	1 €	1,31 \$	$\cdot 800$
	800 €	**1 048 \$**	

Für 800 € bekommt die Familie 1 048 Dollar.

2. Dreisatz:

	Dollar	Euro	
$: 1{,}31$	1,31 \$	1 €	$: 1{,}31$
	1 \$	0,763… €	
$\cdot 200$	200 \$	152,671… €	$\cdot 200$
		≈ **152,67 €**	

Für 200 Dollar bekommt die Familie 152,67 € zurück.

b) Herr Köster hat **nicht recht**, denn die Prozentangaben beziehen sich auf unterschiedliche Grundwerte.

1. Dreisatz: Grundwert 750 \$

	Prozente	Geld	
$: 100$	100 %	750 \$	$: 100$
	1 %	7,50 \$	
$\cdot 8$	8 %	60 \$	$\cdot 8$

750 \$ – 60 \$ = **690 \$**

oder:
100 % – 8 % = 92 %

	Prozente	Geld	
: 100	100 %	750 \$	: 100
· 92	1 %	7,50 \$	· 92
	92 %	690 \$	

2. Dreisatz: Grundwert 690 \$

	Prozente	Geld	
: 100	100 %	690 \$	: 100
· 8	1 %	6,90 \$	· 8
	8 %	55,20 \$	

690 \$ + 55,20 \$ = 745,20 \$

oder:
100 % + 8 % = 108 %

	Prozente	Geld	
: 100	100 %	690 \$	: 100
· 108	1 %	6,90 \$	· 108
	108 %	745,20 \$	

c) 9:10 Uhr = 9 h 10 min

New Yorker Ortszeit	9 h 10 min
Flugzeit	8 h 20 min
Zeitverschiebung	6 h
Summe	23 h 30 min = 23:30 Uhr

Familie Köster landet um 23:30 Uhr in Frankfurt.

2. Teil – Aufgabe W4

a) $105{,}46\ € - 23{,}00\ € + 1\,850{,}00\ € - 259{,}00\ € - 56{,}78\ € - 46{,}20\ € = \underline{\underline{1\,570{,}48\ €}}$

Am 18. 09. 2010 beträgt das Guthaben von Frau Anders 1 570,48 €.

b) Dreisatz:

	Geld	Prozente	
: 1 850	1 850 €	100 %	: 1 850
· 259	1 €	0,05405… %	· 259
	259 €	$\underline{\underline{14\ \%}}$	

Frau Anders gibt 14 % ihres Gehaltes für Miete aus.

c) 1. Jahr:

	Prozente	Geld	
: 100	100 %	8 200 €	: 100
· 3	1 %	82 €	· 3
	3 %	$\underline{\underline{246\ €}}$	

Guthaben nach dem 1. Jahr:
$8\,200\ € + 246\ € = \underline{\underline{8\,446\ €}}$

2. Jahr:

	Prozente	Geld	
: 100	100 %	8 446 €	: 100
· 3	1 %	84,46 €	· 3
	3 %	$\underline{\underline{253{,}38\ €}}$	

Guthaben nach dem 2. Jahr:
$8\,446\ € + 253{,}38\ € = \underline{\underline{8\,699{,}38\ €}}$

Nach 2 Jahren beträgt das Guthaben von Frau Anders 8 699,38 €.

Abschlussprüfung an Hauptschulen in Hessen 2007
Deutsch – Text 1

Lösungen zum Text „Der Retter" von William M. Harg

1. *Du kannst die Bedeutung des gesuchten Wortes im* ***Wörterbuch*** *nachschlagen. Schau dir die Textstellen genau an und überlege, welche Bedeutung aus dem Wörterbuch am besten* ***dem Wort im Text*** *entspricht.*

   a) ☒ starkes Brett

   b) ☒ starkes Seil

2. *Auch hier darfst du das* ***Wörterbuch*** *benutzen, um dir über die Bedeutung des Wortes klarzuwerden. Setze das von dir ausgewählte Wort in den Satz ein und vergiss nicht, zu überprüfen, ob dein Satz* ***grammatisch*** *richtig ist.*

   a) Er hielt nicht nach einem Schiff Ausschau.

   b) Er jubelte (innerlich), denn er wusste …

3. *Mache dir zunächst den Sinn der Sätze a–d klar.* ***Lies*** *den Text konzentriert und* ***unterstreiche*** *die Sätze, die für dich den Sinn der Sätze a–d wiedergeben.* ***Vergleiche*** *nun alle unterstrichenen Sätze mit den Sätzen der Aufgabe. Schreibe erst dann die überprüften Sätze* ***mit Zeilenangabe*** *in die Prüfungsunterlage.*

   a) Er sah, dass noch etwas auftauchte, und das musste einer seiner acht Kameraden sein. (Z. 14–16)

   b) Er war Hunderte von Meilen vom Land entfernt. (Z. 41/42)

   c) Aber er wusste auch, dass er ihn nicht entbehren konnte. (Z. 86/87)

   d) Aber als er merkte, dass der Hund aufgehört hatte zu bellen, rief er auch nicht mehr. (Z. 100–102)

4. *Auch hier geht es nochmals um das* ***genaue*** *Lesen. Nimm nun zum* ***Unterstreichen*** *im Text einen andere Farbe, damit du den Überblick behältst und auch später noch weißt, welche Anmerkungen sich auf welche Aufgabe beziehen.*

   a) ☒ Senter steht am Ausguck, das Wasser schlägt über ihm zusammen und die Taue ziehen ihn in die Tiefe.

   b) ☒ Als eine Planke auftaucht, schwimmt er darauf zu und ergreift sie.

   c) ☒ Er schwimmt zur Planke und legt die Vorderpfoten darauf.

5. *Hier sollst du zeigen, dass du den Text verstanden hast. Es werden Fragen zum Inhalt gestellt, die du in* ***ganzen Sätzen*** *beantworten sollst.* ***Achte genau auf die Aufgabenstellung****. Bei Aufgabe a heißt es: „Suche drei Belege im Text". Das bedeutet, dass du* ***drei Stellen*** *im Text finden musst, an denen beschrieben wird, dass die Lage aussichtslos ist. Du sollst sie aber nicht wörtlich zitieren, sondern in deinen* ***eigenen Worten*** *wiedergeben. Bei Aufgabe b sollst du auch Textstellen finden und mit eigenen Worten den Inhalt wiedergeben, allerdings ist hier zusätzlich die* ***Zeilenangabe*** *aus dem Text gewünscht. Für die Bewältigung der Aufgabe c musst du dir die Textstelle anschauen, die die Rettung der Schiffbrüchigen beschreibt. Erschließe hier selbst die* ***Gründe*** *für die Freude und Aufregung. Formuliere in eigenen Worten.*

a) Folgende Antworten sind z. B. möglich; du musst nur **drei** angeben:
   - Sie haben nur eine Holzplanke.
   - Sie werden von der Belegschaft des Dampfers nicht wahrgenommen.
   - Sie befinden sich auf offenem Meer.
   - Die Kräfte lassen nach, sie können sich kaum noch festhalten.

b) Folgende Textstellen kannst du angeben, du musst nur **zwei** angeben:
   - Als er die geduldigen Augen des Hundes sieht, wird Senter wütend. (Z. 50/51)
   - Der Blick auf den Hund hilft ihm, nicht an die Zukunft zu denken. (Z. 87–89)
   - Er sucht immer wieder den Blickkontakt, um am Leben zu bleiben. (Z. 104/105)

c)
   - Sie haben einen Seemann retten können.
   - Es ist etwas Besonderes, dass ein Mann mit einem Hund gerettet wurde.
   - Es ist etwas Besonderes, wie lange es der Mann auf See ausgehalten hat.

6. *Auch hier geht es wieder darum, zu zeigen, dass du die Geschichte verstanden hast. Für beide Aufgabenteile gibt es* ***viele Punkte****, das bedeutet, dass du in deinen Erklärungen* ***ausführlicher*** *sein musst. Ein kurzer Satz als Beleg reicht hier nicht. Lies den Text aufmerksam durch. Unterstreiche alle Stellen, denen du Angaben über Senters Verhalten dem Hund gegenüber entnehmen kannst. Wie verhält sich Senter am* ***Anfang*** *der Geschichte und wie begegnet er dem Hund am* ***Ende****?*

a) Senter mag den Hund nicht. Er befürchtet, dass der Hund seine Überlebenschancen verringert, wenn er mit ihm die Planke teilen muss. Er ist zunächst wütend, als er merkt, dass der Hund sich nicht von der Planke vertreiben lässt und seine Pfoten immer wieder darauflegt, um nicht unterzugehen. Mit der Zeit merkt er aber, dass er das Tier als Gegenüber braucht. Der Blick in

die Augen des Hundes hilft ihm, zu überleben, denn ohne den Blick in diese Augen, das weiß er, würde er wahnsinnig vor Angst werden. Als ihm klargeworden ist, wie wichtig der Hund für sein eigenes Überleben ist, stößt er ihn nicht weiter von der Planke.
Als der Hund kraftlos wird und abzurutschen droht, bindet er ihn mit seinem Hemd an der Planke fest, um ihn nicht zu verlieren. Als ein Dampfer an ihnen vorüberfährt, ohne sie zu sehen, hört Senter auf zu rufen, als er merkt, dass der Hund nicht mehr bellt; er orientiert sich also an dem Hund. Nach der Rettung ist es Senter sehr wichtig, dass auch der Hund gerettet ist. Er schläft mit ihm im Arm ein, sucht nun also auch den Körperkontakt. Seine Ablehnung ist in Zuneigung umgeschlagen.

b) Für den Seemann ist sicherlich der Hund der Retter. Ohne ihn hätte er die sechs Tage auf See nicht überlebt. Er brauchte ein Lebewesen, dass er anschauen konnte, zu dem er Kontakt herstellen konnte. Ohne den Blick in die Augen des Hundes hätte er aufgegeben.
Senter folgte in seinem Verhalten dem Hund: Er versuchte, sich zu beruhigen, seine Kräfte zu sparen und hörte auf zu schreien, nachdem der Hund dieses Verhalten vormachte.
Senter kann aber auch als Retter angesehen werden, weil der Hund ohne seine Hilfe auch nicht überlebt hätte. Indem Senter den entkräfteten Hund an der Planke festband, konnte er nicht abrutschen und untergehen.

Wahlaufgabe

7. a) Ein Interview führen

Lies die Aufgabe gut durch. Notiere dir alle Ideen, die dir spontan dazu einfallen. Beziehe in deine Überlegungen mit ein, dass bei einem Interview bestimmte ***formale und inhaltliche Kriterien*** *erfüllt sein müssen, die du bei der Bearbeitung berücksichtigen musst.*
Du sollst ein Interview führen. Achte dabei auf folgende Punkte:
- *Begrüßung, Einleitung*
- *Adressatenbezug: Für welche Leserschaft führst du das Interview?*
- *Bezug zum Ausgangstext: Gehst du auf den Inhalt ein?*
- *Passen die Fragen und die Antworten zusammen?*
- *Werden die Rollen (Interviewer und Seemann eingehalten)?*
- *Gibt es einen geeigneten Abschluss des Interviews?*

SZ: Guten Tag, Herr Senter. Ich komme von der Schülerzeitung „Gottfried" und würde gerne ein Interview mit Ihnen führen. Hätten sie etwas Zeit für mich?

SENTER: Ja, ich antworte dir gerne.

SZ: Vor zwei Wochen ist bei einem Bootsunglück das Schiff untergegangen, auf dem Sie gearbeitet haben. Sie und der Schiffshund sind gerettet worden. Können Sie uns das Geschehen schildern?

SENTER: Es ging alles so schnell. Das Schiff sank, ich sah eine Planke im Wasser und klammerte mich daran fest. Plötzlich schwamm etwas auf mich und die Planke zu, ich dachte zuerst, dass es ein Kamerad sei, stellte dann aber fest, dass es unser Schiffshund war.

SZ: Waren Sie froh, ihn zu sehen?

SENTER: Wenn ich ehrlich bin, nein. Ich mochte den Hund nicht und erkannte sehr schnell, dass sich meine Chancen zu überleben stark verringern würden, wenn ich mir die Planke mit dem Hund teilen müsste.

SZ: Das verstehe ich jetzt nicht ganz. Der Schiffsarzt hat uns erzählt, dass Sie sich nach der Rettung erst beruhigt haben, als Sie wussten, dass es dem Hund gut ging. Wie passt das zusammen?

SENTER: Ja, das hört sich vielleicht wirklich seltsam an, aber die Wahrheit ist: Der Hund hat mir das Leben gerettet. Während wir da auf hoher See trieben, ohne Hoffnung, den Tod vor Augen, geriet ich plötzlich in Panik; ich hatte Todesangst! Erst der ruhige Blick des Hundes half mir, meine Panik zu beherrschen. Der Hund machte mir außerdem vor, wie man sich in einer solchen Situation am besten verhält. Er lag ganz ruhig im Wasser, ließ sich treiben und sparte so seine Kräfte. Ich band mich mit meiner Hose an der Planke fest. Als der Hund am zweiten Tag so schwach wurde, dass er sich nicht mehr auf der Planke halten konnte, nahm ich mein Hemd und band seine Pfoten auch an der Planke fest, sodass er nicht mehr abrutschen konnte.

SZ: Wieso haben Sie das gemacht? Es war doch klar, dass Ihre Chancen sich jetzt wieder verringern würden?

SENTER: Nein! Weißt du, wenn man so viele Tage ohne Wasser hoffnungslos auf dem offenen Meer treibt, dann ist es wichtig, dass jemand da ist, der dich anschaut, ein lebendiges Wesen, zu dem du Kontakt haben kannst.

SZ: Aber der Hund konnte doch nicht mit Ihnen reden, was hat er Ihnen also an Kontakt gebracht?

SENTER: Er war einfach da, schaute mich immer gleichmütig an, ohne Angst. Er nahm die Situation, wie sie war, jammerte nicht, machte weiter und kämpfte.

SZ: Sie meinen also, dass Ihnen der Hund ein Beispiel war?

SENTER: Ja, genau. Als der Frachter an uns vorbeifuhr und uns nicht bemerkte, habe ich immer weiter geschrien, bis ich merkte, dass der Hund nicht mehr bellte. Da habe ich auch aufgehört. Für ihn gab es nichts mehr zu sehen, also brauchte er nicht mehr weiterzubellen. Mir wurde klar, dass es sinnlos war, weiterzuschreien. Ich merkte, dass ich meine Kräfte für das weitere Überleben brauchte.

SZ: Das muss ja wirklich ein toller Hund sein! Werden Sie ihn behalten?

SENTER: Ja, auf jeden Fall. Er hat mir das Leben gerettet, jetzt werde ich mich um ihn kümmern. Ich habe ihm auch einen Namen gegeben. Er heißt jetzt „Friend“, weil er mir ein guter Freund geworden ist.

SZ: Werden Sie denn nach diesem schrecklichen Erlebnis wieder auf einem Schiff anheuern?

SENTER: Ich habe erst einmal eine Woche Urlaub, aber dann werde ich wieder auf einem Schiff arbeiten, das ist schließlich mein Beruf.

SZ: Herr Senter, wir danken Ihnen für dieses Gespräch. Wir wünschen Ihnen und Ihrem Hund alles Gute.

SENTER: Ich danke auch für dieses Gespräch.

b) Einen persönlichen Brief schreiben

Du sollst einen persönlichen Brief schreiben. Denke daran, dass dabei bestimmte ***formale und inhaltliche Kriterien*** *erfüllt sein müssen, die du bei der Bearbeitung berücksichtigen musst. Achte also bei deinem Brief auf folgende Punkte:*

- *Äußere Form des Briefs: Ort, Datum, Anrede, Grußformel*
- *Bezug zum Ausgangstext: Gehst du auf den Inhalt des Textes ein?*
- *Bezug zum Briefpartner: Gibt es auch private Informationen?*

Genua, 9. 5. 2007

Liebe Doris,

eine Woche ist seit meinem letzten Brief vergangen. Es gibt viele Dinge, die ich hier an Bord erledigen muss, da bleibt nicht immer Zeit zum Schreiben. Manchmal bin ich dann auch nur froh, wenn ich mal ein bisschen Freiraum für mich habe und mit meinem Fernglas die Vögel beobachten kann.
Dass ich vor einigen Tagen wieder meinen Beobachtungen nachgegangen bin, hat einem Menschen und einem Hund das Leben gerettet! Darauf bin ich wirklich stolz.
Ich bin noch immer ganz aufgeregt, wenn ich daran denke, wie ich auf einmal etwas auf dem Wasser entdeckt habe. Es war nur eine schwache Bewegung mit der Hand, die ich wahrgenommen hatte.
Schnell setzten wir ein Rettungsboot aus, ich packte meine Tasche und fuhr mit hinaus. Wir fanden einen Mann, der sich und seinen Hund mit seiner Kleidung an einer Planke festgebunden hatte. Beide waren völlig entkräftet, hatten tagelang nichts getrunken. Obwohl der junge Mann völlig am Ende seiner Kräfte war, hat er sich nicht eher von mir behandeln lassen und kam nicht eher zur Ruhe, bis er wusste, dass es auch seinem Hund gut ging. Er

hat uns dann erzählt, dass sein Schiff mit acht weiteren Männern untergegangen war und nur er sich vor sechs Tagen auf die Planke retten konnte. Ich konnte das zunächst kaum glauben, weil ein solcher Zeitraum viel zu lang ist, um ihn ohne Wasser zu überleben. Später hat er mir dann erzählt, dass der Hund ihn gerettet hätte, einfach weil er da war.

Dabei war es gar nicht sein Hund. Zunächst hatte er den Hund auch nicht gemocht und ihn sogar als Gegner wahrgenommen, aber am zweiten Tag wurde ihm klar, dass er den Hund brauchte, um zu überleben. Der Hund war ein Gegenüber, mit dem er Kontakt halten konnte. Der Hund war ihm mit seinem Verhalten quasi ein Vorbild, denn er hat nicht aufgegeben, er hat immer wieder versucht, sich an der Planke festzuhalten. Als ein Dampfer vorbeifuhr und sie nicht sah, schrie der Verzweifelte immer weiter, bis er merkte, dass der Hund nicht mehr bellte. Da wusste er, dass es sinnlos war, weiterzuschreien.

Du hättest sehen sollen, wie er dann völlig entkräftet neben dem Tier lag, wie sie sich nun gegenseitig wärmten. Als ich das sah, wünschte ich mir plötzlich auch einen Hund. Was meinst du, wäre es nicht schön, einen Hund zu haben? Er könnte mal mit mir auf dem Schiff sein und dann wieder bei dir zu Hause. So wären wir beide immer für eine Zeit lang nicht so allein. Was hältst du davon?

Meine liebe Doris, auch wenn ich nicht so oft schreibe, kannst du dir sicher sein, dass ich immer an dich denke. Ich kann es gar nicht abwarten, dich im nächsten Hafen in meine Arme zu schließen.

In Liebe dein Markus

Abschlussprüfung an Hauptschulen in Hessen 2007
Deutsch – Text 2

Lösungen zum Text „Froh im freien Fall" von Jennifer Bierschenk

1. *Schlage im* ***Wörterbuch*** *nach, wenn dir die Bedeutung des gesuchten Wortes unklar ist. Achte genau auf den Zusammenhang im Text und überlege, welche Bedeutung aus dem Wörterbuch am besten* ***dem Wort im Text*** *entspricht.*

   a) ☒ endgültig, bestimmt

   b) ☒ gesteigertes Hochgefühl

2. *Auch hier darfst du das* ***Wörterbuch*** *benutzen, um dir über die Bedeutung des Wortes klarzuwerden. Setze das von dir ausgewählte Wort in den Satz ein und vergiss nicht, zu überprüfen, ob dein Satz* ***grammatisch*** *richtig ist.*

   a) Der Fluggast hängt mit seinem Gurtzeug vor dem Bauch des Tandem-Masters, …

   b) Dann meldet sich der Fachmann/Berufssportler mit einem leichten Klaps auf den Kopf; …

3. *Mache dir zunächst den Sinn der Sätze a–d klar.* ***Lies*** *den Text konzentriert und* ***unterstreiche*** *die Sätze, die für dich den Sinn der Sätze a–d wiedergeben.* ***Vergleiche*** *nun alle unterstrichenen Sätze mit den Sätzen der Aufgabe. Schreibe erst dann die überprüften Sätze mit* ***Zeilenangabe*** *in die Prüfungsunterlage.*

   a) Diese Form des Fallschirmspringens macht es auch Normalsterblichen möglich, einmal den Traum vom Fliegen zu erleben. (Z. 10–13)

   b) Seine braunen Augen leuchten, wenn er von diesem Erlebnis spricht. (Z. 38/39)

   c) Theoretisch ist alles ganz einfach, praktisch nicht so ganz. (Z. 75/76)

   d) Verbale Kommunikation ist im freien Fall einfach nicht möglich. (Z. 83/84)

4. *Auch hier geht es nochmals um das* ***genaue*** *Lesen. Nimm nun zum Unterstreichen im Text einen andere Farbe, damit du den Überblick behältst und auch später noch weißt, welche Anmerkungen sich auf welche Aufgabe beziehen.*

   a) ☒ Er soll die Arme verschränken und die Beine anwinkeln.

   b) ☒ Michael Ruß zieht die Beine nicht hoch genug an.

5. *Hier sollst du zeigen, dass du den Text verstanden hast. Es werden Fragen zum Inhalt gestellt, die du in* ***ganzen Sätzen*** *beantworten sollst. Für Aufgabe c gibt es 4 Punkte. Hier muss deine Antwort also umfangreicher sein als bei a und b. Du musst* ***vier Ursachen*** *finden und in deinen* ***eigenen Worten*** *benennen. Als Hilfestellung ist eine Zeilenangabe aus dem Text angegeben.*

a) Der Sprung findet in Kassel-Calden statt.

b) Man muss größer als 140 cm sein, man muss leichter als 90 kg sein. Auch das Alter spielt eine Rolle: Man muss älter als 12 Jahre sein.

c) Mögliche Ursachen für Unfälle:
- Menschliches Versagen: Der Springer öffnet den Schirm nicht rechtzeitig.
- Technische Schwierigkeiten: Der Schirm lässt sich nicht öffnen.
- Falsche Körperhaltung bei der Landung: Die Füße werden nicht angezogen.
- Falsche Körperhaltung in der Luft: Sie kann das Steuern beeinträchtigen.

6. *Für die drei Aufgabenteile gibt es* ***viele Punkte****. Um alle Punkte zu erreichen, musst du genau auf die Aufgabenstellung achten: Bei Aufgabe a sollst du* ***zwei Sicherheitseinrichtungen*** *bei Fallschirmen nennen. Denke daran, auch zu erklären,* ***wann sie zum Einsatz kommen****. Für Aufgabe b gibt es sechs Punkte, du musst also* ***entsprechend viele*** *Aufgaben des Tandem-Masters benennen. Für Aufgabe c sollst du* ***drei Gründe*** *aus dem Text heraussuchen. Arbeite auch hier wieder mit Unterstreichungen in unterschiedlichen Farben.*

a) Sicherheitseinrichtungen an Fallschirmen und wann sie zum Einsatz kommen:
- Es gibt den Reserveschirm, der in Notfällen zum Einsatz kommt, wenn der Hauptschirm sich nicht öffnen lässt.
- Außerdem gibt es ein automatisches Öffnungssystem, wenn der Springer nicht reagiert.

b) Aufgaben des Tandem-Masters vor und während des Sprungs:
- Er gibt vor dem Sprung eine Einweisung.
- Er ist für die Sicherheit der beteiligten Springer verantwortlich.
- Er überwacht die Flughöhe.
- Er gibt während des Flugs nonverbale Hinweise.
- Er setzt bei der Landung als erster die Füße auf.
- Er steuert.

c) Drei Gründe für Ruß' Begeisterung nach dem Sprung:
- Er hat die Welt aus der Vogelperspektive genossen.
- Er hat seine Angst überwunden.
- Er hat dem Traum vom Fliegen erlebt.

Wahlaufgabe

7. a) Einen persönlichen Brief schreiben

Bei der Wahlaufgabe kannst du die ***meisten Punkte*** *erreichen, deshalb ist es besonders wichtig, diese Aufgabe gut zu lösen. Du sollst einen persönlichen Brief schreiben. Denke daran, dass dabei bestimmte* ***formale und inhaltliche Kriterien*** *erfüllt sein müssen, die du bei der Bearbeitung berücksichtigen musst. Achte also bei deinem Brief auf folgende Punkte:*

- *Äußere Form des Briefs: Ort, Datum, Anrede, Grußformel*
- *Bezug zum Ausgangstext: Gehst du auf den Inhalt des Textes ein?*
- *Bezug zum Briefpartner: Gibt es auch private Informationen?*

Kassel, 9. 5. 2007

Liebe Anja,

erst einmal möchte ich dir sagen, wie gut mir deine Geburtstagsparty gefallen hat. Das war wirklich ein toller Abend. Da muss ich mir für meine Party richtig was einfallen lassen!
Mensch, ich beneide dich vielleicht um dieses irre Geschenk, dass dir deine Tante gemacht hat!
Ein Tandemsprung! So etwas wollte ich schon immer mal machen. Ich habe mich sogar schon einmal genau erkundigt, wic das so abläuft. Ich würde das ohne zu zögern sofort machen. Aber ich kenne ja meine ängstliche Freundin. Ich will mich hier aber nicht über dich lustig machen, weil ich weiß, dass es Menschen gibt, die mit einem solchen Erlebnis nichts anfangen können.
Zu deiner Beruhigung möchte ich dir aber sagen: Du fliegst nicht allein, sondern hast einen sogenannten Tandem-Master dabei. Er gibt dir erst mal genaue Anweisungen, du machst zunächst mit ihm Übungen am Boden. Wenn ihr dann fliegt, übernimmt er wirklich alles. Er steuert, kontrolliert die Höhe, schaut, dass du die richtige Körperhaltung hast. Gibt es ein Problem, dann wird er das schon regeln. Dafür ist er der Profi.
Die Risiken bei einem solchen Sprung sind wirklich sehr gering, denn es gibt natürlich immer einen Reserveschirm, der sich im Notfall von selbst öffnet. Vielleicht passiert es manchmal, dass die Landung ein wenig unsanft ausfällt, wenn man z. B. vergisst, die Beine hoch genug anzuziehen, aber das ist nicht wirklich schlimm.
Du kannst dich also voll und ganz auf den Genuss einstellen. Einmal die Welt von oben sehen, wie ein Vogel schweben, sich leicht fühlen!
Gib deinem Herzen einen kleinen Schubs und wage den Sprung, sonst muss ich mal mit deiner Tante reden, ob sie den Sprung nicht mir schenken kann. Ich freue mich für dich und wünsche dir ein Wahnsinnserlebnis!

Deine Freundin Laura

b) Ein Interview führen

*Bei einem Zeitungsinterview musst auf folgende **formale und inhaltliche Punkte** achten:*

- *Begrüßung, Einleitung*
- *Adressatenbezug: Für welche Leserschaft führst du das Interview?*
- *Bezug zum Ausgangstext: Gehst du auf den Inhalt des Textes ein?*
- *Passen die Fragen und die Antworten zusammen?*
- *Werden die Rollen (Interviewer und Tandem-Springer) eingehalten?*
- *Gibt es einen geeigneten Schluss?*

SZ: Hallo, Herr Ruß, meine Name ist Markus und ich komme von der Schülerzeitung „Durchblick“. Wir schreiben gerade an einer Serie über besondere Sportarten. Gerade konnten wir hier in Kassel-Calden auf dem Flugplatz Ihren Sprung bewundern. Würden Sie unseren Lesern verraten, ob Sie das regelmäßig machen?

MR: Oh, nein das war mein erster Sprung!

SZ: Das ist interessant. Wie geht es Ihnen direkt nach diesem Sprung.

MR: Das war ein sensationelles Erlebnis. Ich bin noch ganz berauscht davon. Man schwebt durch die Luft, genießt es, die Welt wie ein Vogel wahrzunehmen.

SZ: Mal ehrlich, gab es keine Minute der Angst?

MR: Doch, doch. Kurz vor dem Absprung wollte ich es mir tatsächlich noch anders überlegen, aber mein Tandem-Master hat mir gut zugeredet.

SZ: Können Sie unseren Lesern erklären, wer das ist?

MR: Der Tandem-Master ist hier der Profi, der alles managt. Er erklärt vorher genau, wie der Sprung abläuft, übt am Boden mit dem Passagier. Er zeigt auch genau, was er für Zeichen gibt, denn in der Luft ist es nicht mehr möglich miteinander zu reden, der Luftdruck ist zu hoch.

SZ: Sie meinen also, diese Sportart sollte jeder einmal ausprobieren?

MR: Ich finde, dass es sich lohnt. Die Voraussetzung ist allerdings, dass man älter als 12 Jahre ist, größer als 140 cm und weniger als 90 kg wiegt.

SZ: Und wahrscheinlich muss man sein ganzes Erspartes dafür ausgeben?

MR: Du hast recht, ganz billig ist ein solcher Sprung nicht. Aber die 300 € waren es mir wert.

SZ: Heißt das, dass es für Sie ein einmaliges Erlebnis war?

MR: Das weiß ich noch nicht so genau. Da hat auch meine Freundin noch ein Wörtchen mitzureden. Ihr habe ich nämlich vorher gar nichts erzählt …

SZ: Oh, da wünschen wir Ihnen viel Spaß bei dem Gespräch mit Ihrer Freundin und bedanken uns gleichzeitig, dass Sie sich die Zeit für dieses Interview mit uns genommen haben.

MR: Gern geschehen.

Abschlussprüfung an Hauptschulen in Hessen 2008
Deutsch – Text 1

Lösungen zum Text „Irgendwie hat der Junge sich verändert" von Willi Fährmann

1. ***Schlage*** *die Bedeutung des gesuchten Wortes* ***im Wörterbuch nach****, wenn du unsicher bist. Bietet das Wörterbuch mehrere der genannten Möglichkeiten an, musst du dir die Textstellen genau ansehen und überlegen, welche Bedeutung* ***im Textzusammenhang einen Sinn*** *ergibt.*

   a) ☒ widersprechen/Einspruch erheben

   b) ☒ unsicher sein

2. *Bei dieser Aufgabe musst du darauf achten, dass der Satz* ***(grammatisch) noch richtig ist****, nachdem du das Wort geändert hast.*
   In Aufgabe b ist neben dem Verb „zusammennehmen" auch das Reflexivpronomen „sich" unterstrichen, denn vollständig heißt der Ausdruck „sich zusammennehmen". Wenn du diesen reflexiven Ausdruck mit einem anderen reflexiven Ausdruck ersetzt, dann bleibt das „sich" natürlich erhalten (z. B. „sich konzentrieren"). Verwendest du dagegen einen nicht reflexiven Ausdruck, fällt das „sich" einfach weg (z. B. „aufpassen").

   a) „Meinst du?", fragte sie unsicher /misstrauisch/zweifelnd.

   b) Wenn er allein war und sich nicht konzentrierte/sich nicht beherrschte/nicht aufpasste, hinkte er stark.

3. *Lies den Text konzentriert und* ***unterstreiche*** *die Sätze, die deiner Meinung nach den Sinn der Sätze a–d wiedergeben.* ***Vergleiche*** *dann alle unterstrichenen Sätze mit den vorgegebenen Sätzen und überprüfe, ob sie tatsächlich Ähnliches ausdrücken. Schreibe die Sätze heraus. Denke an die* ***Zeilenangabe****! Achte darauf, dass du genau* ***einen*** *Satz zitierst. Es kann Abzüge geben, wenn du zu viel aufschreibst.*

   a) Seit zwei Jahren hackten sie alle auf seinen Kaninchen herum. (Z. 23/24) Auch die folgende Textstelle ist richtig: „Jahrelang haben wir alles versucht, ihm den Karnickelvogel auszureden." (Z. 124/125)

   b) Es war für ihn nicht schwer, mit Margitt ins Gespräch zu kommen. (Z. 41/42)

   c) In den folgenden Wochen kamen Jülls Kaninchen ein wenig zu kurz. (Z. 57/58)

   d) Acht Tage war Jüll für niemand ansprechbar. (Z. 158)

4. *Lies den Text und **markiere** die Stellen, die dir bei der Beantwortung der Fragen helfen. **Vergleiche** anschließend nochmals die Fragen und deine markierten Textstellen und **überprüfe**, ob du die richtige Textstelle gefunden hast, bevor du dein Kreuz setzt.*

a) ☒ Er leidet unter den Folgen einer Krankheit, die er als Kind hatte.

b) ☒ Berti soll auf seine körperliche Hygiene/Sauberkeit achten.

5. *Hier ist es wichtig, dass du in **ganzen Sätzen** schreibst. In der Aufgabenstellung heißt es außerdem, dass du in **eigenen Worten** formulieren sollst. Es ist also nicht zulässig, dass du die passende Textstelle einfach abschreibst.*
*Für diese Aufgabe erhältst du **viele Punkte**. Um alle Punkte zu erreichen, musst du genau auf die Aufgabenstellung achten: Bei Aufgabe a sollst du **vier** Aussagen über Jüll aufschreiben. Es gibt im Text sehr viele Aussagen über Jüll. Vier Aussagen sind verlangt und reichen aus, um die volle Punktzahl zu erreichen. Es ist aber günstig, ein oder zwei Informationen zusätzlich aufzuschreiben, falls eine falsch ist oder sich zu wenig von einer anderen unterscheidet.*
*Für Aufgabe b erhältst du zwei Punkte. Hier solltest du den Grund in **einem** Satz darstellen.*
*Für Aufgabe c gibt es vier Punkte. Versuche **ausführlich** zu erklären, wie es dazu gekommen ist, dass Jüll die Party frühzeitig verlassen hat.*

a)
- Jüll liebt Kaninchen, besitzt und züchtet welche.
- Mit seinen Kaninchen hat er schon Preise gewonnen.
- Er lebt bei seinen Eltern.
- Er hat den Realschulabschluss, in Bio und Mathe hat er eine Eins.
- Er macht eine Ausbildung zum Technischen Zeichner.
- Er hatte mit sieben Jahren Kinderlähmung. Jetzt hat er noch manchmal Schmerzen im Bein, bevor es regnet. Er hinkt etwas.
- Er besitzt eine Stereoanlage.
- Er kann gut basteln.
- Margitt sagt, dass er nach Kaninchen riecht.
- Er verkauft bzw. verschenkt seine Kaninchen.
- Er ist verliebt in Margitt.

b)
- Er glaubt, dass er Margitt als Freundin gewinnen wird, wenn er nicht mehr nach Kaninchen riecht.
  Oder: Margitt ist ihm wichtiger geworden als die Kaninchen (er hat sich irgendwie verändert).
  Oder: Er will Margitt beweisen, wie wichtig sie ihm ist.

c) Jüll ist in Margitt verliebt. Er hat viel Zeit damit verbracht, ihr bei der Vorbereitung der Party zu helfen. Er hat sogar seine Kaninchen weggegeben, weil sie fand, dass er nach ihnen rieche. Auf der Party beschäftigt Margitt sich trotzdem kaum mit ihm. Als er ihr sagt, dass er die Kaninchen verschenkt bzw. verkauft hat, interessiert sie das nicht.
Stattdessen flirtet sie mit Ludwig, einem anderen Jungen. Die beiden tanzen miteinander und Jüll sieht, wie sie sich ansehen, miteinander lachen und sich in den Armen halten. Darüber ist er sehr enttäuscht, vielleicht fühlt er sich auch ausgenutzt. Wahrscheinlich ist er eifersüchtig. Er will nicht länger mit ansehen, wie Margitt und Ludwig Spaß miteinander haben.

6. *Auch hier sollst du deine* ***eigenen Worte*** *verwenden und in* ***vollständigen Sätzen*** *antworten. Bei Aufgabe a musst du darauf achten, dass eine* ***Entwicklung****, also eine Veränderung, in mehreren Schritten sichtbar wird. Wenn du eine Veränderung aufzeigst, musst du beschreiben, wie die Situation am Anfang war, wann und wodurch die Veränderung eintritt und wie die Lage am Schluss aussieht. Für Aufgabe b erhältst du sechs Punkte. Du solltest ausführlich darauf eingehen,* ***inwiefern der Titel gut zu der Geschichte passt****. Stelle dar, wie Jüll sich verändert hat und warum diese Veränderung stattgefunden hat. Auch im Text kommt der Satz „Irgendwie hat der Junge sich verändert" vor.*

a) Jüll lernt Margitt auf der Party seines Freundes Gerd kennen und verliebt sich in das Mädchen. Auch Margitt findet Jüll sehr sympathisch. Jüll holt sie nach Feierabend regelmäßig von ihrer Arbeitsstelle ab. Bereits am dritten Tag lädt Margitt ihn zum Abendessen zu sich nach Hause ein und erfährt dabei vieles über Jüll. Sie scheint ihn wirklich zu mögen, denn sie hat nichts dagegen, dass er mit ihren Haaren spielt und ihr Komplimente macht. Sie zieht ihn wegen seiner Kaninchen auf. Als Jüll ihr bei den Vorbereitungen ihrer Einstandsparty hilft, die sie feiern will, um die Jugendlichen aus ihrer neuen Nachbarschaft besser kennenzulernen, gesteht Margitt ihm, dass er nach Kaninchen riecht. Am nächsten Tag gibt Jüll ihretwegen alle Kaninchen weg und teilt Margitt dies am Abend der Party mit. Sie interessiert sich aber nicht für diese Neuigkeit, sondern flirtet mit Ludwig, einem anderen Jungen, in den sie sich anscheinend verliebt hat. Für Jüll hat sie den ganzen Abend keine Zeit. Er verlässt die Party lange bevor sie vorbei ist.

b) Am Anfang der Geschichte sind die Kaninchen für Jüll das Wichtigste. Dann lernt er ein Mädchen, Margitt, kennen, und verliebt sich in sie. Dadurch verändert er sich. Er denkt kaum noch an die Kaninchen, dafür ständig an Margitt. Als Margitt den Kaninchengeruch kritisiert und sagt, dass er nach Kaninchen rieche, gibt Jüll auf der Stelle alle seine Kaninchen weg. Das ist eine erste Veränderung, die auch seine Eltern und seine Schwester Karla bemerken. Sie erkennen auch den Grund für diese Veränderung, nämlich sein Interesse an Margitt (vgl. Z. 124–127). Jülls Mutter sagt einen Satz, der fast identisch mit dem Titel der Geschichte ist: „Irgendwie ist der Junge verändert." (Z. 122) Sie weiß, dass Margitt, der „hellblonde Handfeger", wie der Vater sie nennt, der Grund für diese Veränderung ist. Karla spricht von der „Macht der Liebe" (Z. 129). Die zweite Veränderung findet statt, als Jüll merkt, dass Margitt nicht in ihn verliebt ist. Jetzt muss er damit leben, dass er weder seine Kaninchen noch eine Freundin hat. Er ist enttäuscht, zieht sich zurück und will lange Zeit mit niemandem reden.

Wahlaufgabe

7. a) Einen persönlichen Brief schreiben

Bei der Wahlaufgabe kannst du die ***meisten Punkte*** *erreichen, deshalb ist es besonders wichtig, dass du diese Aufgabe gut löst. Lies die Aufgabe gründlich durch. Mache dir zunächst klar:* ***Wer*** *schreibt* ***an wen*** *und* ***worüber****?*
Bei einem Brief musst du bestimmte formale und inhaltliche Kriterien berücksichtigen. Achte auf die folgenden Punkte:

- *Äußere Form des Briefs: Ort, Datum, Anrede („Liebe/r ..."), Grußformel („Viele Grüße"), Unterschrift.*
- *Die persönlichen Anredepronomen kannst du in einem Brief entweder einheitlich klein- oder großschreiben: Also entweder du, dein, ihr, euer usw. oder Du, Dein, Ihr, Euer usw.*
- *Denke auch daran, dass du dich in deinem Brief an den Adressaten, also die Person, an die du schreibst, wendest. Das heißt, du solltest sie direkt ansprechen. Die Aufgabenstellung gibt hier vor, dass du diese Person um Rat bitten sollst.*
- *Inhaltlich musst du im Brief Argumente für und gegen die Rücknahme der Kaninchen bringen. Sammle am besten zunächst deine Pro- und Kontra-Argumente in einer Tabelle, so bekommst du einen guten Überblick.*

Pro-Argumente	Kontra-Argumente
– Pitt liebt (seine) Kaninchen, streichelt sie gerne etc. – Er hätte eine Freizeitbeschäftigung. – Er könnte Preise gewinnen. – Die Nachbarkinder kämen wieder, um mit den Kaninchen zu spielen, so hätte er Gesellschaft.	– Er hat nicht viel Zeit, weil er seine Ausbildung bald abschließen wird. – Er hat keinen Stall mehr für die Kaninchen, der Anbau wird schon umgebaut. – Er würde wieder nach Kaninchen riechen.

(Ort, Datum)

Lieber Pitt,

wir haben uns leider schon lange nicht mehr gesehen. Erinnerst du dich an meine Kaninchen? Ich habe sie alle weggegeben. Der Grund dafür war ganz dumm, aber du verstehst mich bestimmt. Ich hatte ein Mädchen kennengelernt, Margitt, und ich mochte sie wirklich gern. Sie hat mir gesagt, dass ich nach Kaninchen stinken würde. Vielleicht hatte sie ja recht. Auf jeden Fall habe ich ein paar Kaninchen an den Züchterverein verkauft und die anderen an Berti, einen Nachbarjungen, verschenkt. Aber das mit Margitt, das ist nichts geworden. Ich glaube sogar, sie ist jetzt mit Ludwig zusammen. Ich habe also keine Freundin und auch keine Kaninchen mehr. Der Jupp vom Kaninchenzüchterverein hat mir angeboten, dass ich mein bestes Kaninchen, Margareth, und dazu ein Männchen zurückbekommen kann, dann könnte ich wieder neu züchten. Ich weiß aber nicht, ob ich das wirklich noch will. Es ist ja eine schöne Freizeitbeschäftigung und ich habe viele Medaillen mit meinen Tieren gewonnen. Außerdem streichle ich sie so gerne, ihr Fell ist so weich und die Stupsnasen so süß. Die Nachbarkinder haben sich auch immer gefreut, wenn sie mit meinen Kaninchen spielen durften.
Aber es macht sehr viel Arbeit und wenn ich jetzt bald mit meiner Ausbildung fertig bin, dann habe ich noch weniger Zeit. Meine Eltern sind außerdem schon dabei, den Schuppen umzubauen, dann habe ich gar keinen Stall mehr. Die beiden waren sowieso immer gegen die Kaninchen. Und eigentlich hat Margitt nicht ganz Unrecht: Man riecht immer ein bisschen nach Kaninchen, auch wenn man sich gut wäscht. Jetzt, wo ich selbst keine mehr habe, merke ich es bei Berti.
Was meinst du, Pitt? Soll ich die Kaninchen zurücknehmen und wieder neu anfangen? Schreib mir bald oder noch besser, besuch mich mal.

Viele Grüße

Dein Jüll

b) Einen Tagebucheintrag schreiben

*Ein Tagebucheintrag ist eine sehr **persönliche Form** des Schreibens. Der Verfasser schildert dabei nicht nur seine **Probleme und Sorgen**, sondern auch seine geheimsten **Gedanken und Gefühle**. Im Gegensatz zu einem Brief ist der Tagebucheintrag an keine bestimmte Person gebunden. Hier sollst du aus der **Perspektive von Berti**, dem Nachbarjungen (nicht aus der Sicht der Hauptperson Jüll!), einen Tagebucheintrag verfassen.*
*Versuche, dich in die Lage von Berti hineinzuversetzen. Überlege, welche Gedanken und Gefühle ihn besonders bewegen. Und mache dir die **Gründe** für diese Empfindungen klar. Denke auch über die **Hoffnungen und Erwartungen** nach, die der Tagebuchschreiber haben könnte (hofft Berti vielleicht, mit den Karnickeln auch erfolgreich an Wettbewerben teilzunehmen?). Einen Tagebucheintrag schreibst du immer in der **Ich-Form**.*

(Tag, Datum)

Liebes Tagebuch,

endlich, endlich habe ich meine Kaninchen. Seit zwei Jahren wünsche ich mir ein eigenes Tier, für das ich sorgen kann. Mama war zuerst nicht einverstanden und wollte, dass ich sie zurückgebe, aber zum Schluss konnte ich sie doch überreden, ich bin so glücklich!
Wir haben ja den alten Stall schon lange nicht mehr, weil wir in den Anbau ein Badezimmer eingebaut haben. Aber ich durfte mir einen neuen Stall bauen. Papa hat mir nur ein bisschen geholfen. Mama hat dadurch gesehen, dass ich die Hasen wirklich haben will und auch alt genug bin, mich um sie zu kümmern. Inzwischen findet sie sie auch sehr süß mit dem weichen Fell, den Stupsnasen und den langen Ohren. Ich könnte sie immer knuddeln und mit ihnen spielen. Aber es ist schon gut, dass wir im Anbau das Badezimmer haben, denn man müffelt schon ein bisschen, wenn man Kaninchen im Zimmer hat. Jüll hat mir auch gesagt, dass ich auf die Hygiene achten soll.
Natürlich mag ich alle meine Kaninchen, aber am allerliebsten habe ich den Franz, er ist so schön mit seinem silbergrauen Fell. Und er hört tatsächlich auf mich. Er kommt zum Gitter, wenn ich seinen Namen rufe. Manchmal denke ich, er versteht alles, was ich sage. Tiere sind jedenfalls nicht dumm und sie haben ein Herz.
Jüll besucht mich manchmal. Ich glaube, er ist ein bisschen traurig, weil ihm seine Kaninchen fehlen. Er hat ja so viele Preise bei Kaninchenausstellungen gewonnen. Vielleicht schaffe ich das ja auch! Auf jeden Fall werde ich mal zum Kaninchenzüchterverein gehen. Es könnte sein, dass Jüll mir dabei hilft. Aber jetzt muss ich das Licht ausmachen, morgen ist Schule.

Abschlussprüfung an Hauptschulen in Hessen 2008
Deutsch – Text 2

Lösungen zum Text „Cowboys und Indianer“ von Johanna Rüdiger

Allgemeiner Hinweis: *Im Text werden drei Personen mit Namen genannt: Little Bear, Little Fish und Kenney. Achte darauf, sie nicht zu verwechseln!*

1. *Du kannst die Bedeutung des gesuchten Wortes im* ***Wörterbuch nachschlagen****. Wenn der Duden mehrere Bedeutungen zur Auswahl gibt, musst du genau überlegen, welche Bedeutung* ***im Textzusammenhang*** *am besten passt.*

   a) ☒ überlieferter Brauch/Gewohnheit

   b) ☒ stark ausgeprägt

2. *Auch hier kannst du das* ***Wörterbuch*** *benutzen, wenn du die Bedeutung der Wörter nicht kennst oder dir nicht ganz sicher bist. Überlege genau, welche Bedeutung im* ***Textzusammenhang*** *passt. Überprüfe, ob der Satz noch (grammatisch) richtig ist, wenn du das neue Wort eingesetzt hast. Hier werden dir mehrere Lösungsalternativen angegeben.*

   a) Little Bear dreht sich gehorsam in die Richtung des Zuschauers, behält aber seinen gleichmütigen/unerschütterlichen Gesichtsausdruck.

   b) Einmal im Jahr werden die Rinder zusammengetrieben und gekennzeichnet/gestempelt/mit einem Brandzeichen versehen.

3. *Achte hier darauf, dass du jeweils nur* ***einen*** *Satz zitierst. Es kann Abzüge geben, wenn du zu viel aufschreibst. Denke an die* ***Zeilenangabe****.*

   a) Er ignoriert die neugierigen Blicke der Touristen. (Z. 14/15)

   b) … denn Anfang des 19. Jahrhunderts wurden viele Indianerstämme hierhin zwangsumgesiedelt. (Z. 31–33)

   c) Trotz moderner Hilfsmittel kann es für Cowboys sehr schwierig sein, Tiere in die richtige Richtung zu treiben. (Z. 67–70)

   d) „Viele Leute aus meinem Stamm denken aber, ich verkaufe unsere Kultur an die Weißen“, sagt Little Bear. (Z. 90–92)

4. *Suche im Text nach den Stellen, die dir bei der Beantwortung der Frage helfen. In Aufgabe a geht es um* ***Little Bear****. In Aufgabe b geht es dagegen um* ***Little Fish****.*

a) ☒ Er behält seinen stoischen Gesichtsausdruck.

b) ☒ Vor 100 Jahren wurde den Indianern das letzte Stück Land weggenommen.

5. *Bei dieser Aufgabe musst du wieder darauf achten, deine Antworten in* ***vollständigen Sätzen*** *zu formulieren, du sollst keine Stichworte aufschreiben. Es ist auch nicht zulässig, dass du die passende Textstelle einfach abschreibst, denn du sollst in* ***eigenen Worten*** *formulieren. Allerdings darfst du nah am Text bleiben – schreibe am besten für jede Aussage einen kurzen Satz.*
In ***Aufgabe a*** *sollst du* ***sechs*** *Aussagen über Little Bear aufschreiben. Markiere im Text die Stellen, an denen etwas über Little Bear ausgesagt wird (Achtung: Auch hier darfst du Little Bear nicht mit Little Fish verwechseln!). Der Text liefert viele Informationen zu Little Bear, schreibe also ruhig zwei oder drei zusätzliche Aussagen auf, falls eine deiner Aussagen nicht richtig sein sollte oder sich zu wenig von einer anderen unterscheidet.*
Bei ***Aufgabe b*** *wird nicht ausdrücklich gesagt, wie viele Aussagen du aufschreiben sollst. Hier musst du alles, was der Text über die* ***Arbeit*** *der Cowboys sagt, aufschreiben. Suche die Textstelle, an der die Arbeit der Cowboys beschrieben wird und formuliere sie mit eigenen Worten.*
Aufgabe c *ist nicht ganz leicht zu verstehen, aber das Wort „Eigenständigkeit" kommt im Text vor (Z. 119) und es wird dort näher erklärt.*

a)
- Little Bear ist Indianer.
- Er hat einen langen schwarzen Zopf, eine dunkle Hautfarbe und markante Gesichtszüge. *(Das kann man als* ***eine*** *Aussage zum Aussehen werten.)*
- Er arbeitet auf einer Rinderfarm, der Besitzer der Farm heißt Kenney.
- Er baut und bemalt Tipis, in denen Touristen wohnen können.
- Für die Touristen schminkt er sein Gesicht nach traditioneller Art mit farbigen Streifen.
- Er tanzt für Touristen in traditioneller indianischer Kleidung Stammestänze.
- Little Bear weiß, dass viele seiner Stammesmitglieder ihn für einen „Verräter" an ihrer indianischen Kultur halten, weil er für Touristen tanzt.
- Little Bear hat viele Freunde unter den Cowboys.
- Normalerweise trägt er Jeans und T-Shirt.
- Er wohnt in einem Haus, nicht in einem Tipi.

b) Die Arbeit der Cowboys hat sich gegenüber früheren Zeiten nicht viel geändert, auch wenn die Farmen jetzt viel größer und die Trucks viel leistungsfähiger sind.
Einmal im Jahr müssen die Rinder zusammengetrieben und markiert werden. Da die meisten Wege für Trucks unbefahrbar sind, können hier nur Pferde zum Viehtrieb benutzt werden. Die Cowboys arbeiten dabei bis zu 18 Stunden ohne Unterbrechung und müssen auf weiten Strecken mehrfach die Pferde wechseln.
Auch mit modernen Hilfsmitteln ist es oft nicht leicht, die Rinder in die gewünschte Richtung zu treiben.

c) Die einzelnen Indianerstämme verwalten sich im Großen und Ganzen selbst. Sie wählen eine eigene Regierung, haben eine eigene Polizei sowie eigene Krankenhäuser und Schulen. Die Cherokee-Indianer besitzen zudem ein eigenes Justizgebäude, also ein Gericht.

6. *Lies den Text und unterstreiche die Textstellen, die dir bei der Beantwortung der Fragen helfen. Für Aufgabe a kannst du dabei* ***Schlüsselwörter*** *wie Kultur, Geschichte, Leiden der Vertreibung usw.* ***markieren****.*
Die ***Gründe****, aus denen Touristen nach Oklahoma kommen (Aufgabe b), werden im Text nicht direkt genannt. Du kannst sie aber erschließen, indem du darauf achtest, was die Touristen unternehmen.*
In Aufgabe c sollst du ein ***Sprachbild erklären****. Sprachbilder werden verwendet, um eine Aussage besonders anschaulich zu machen. Der Leser kann sich dann ein besseres Bild von einer Sache oder einer Person machen. Das Aussehen eines Apfels, – außen rot (die Schale bzw. die „Haut“) und innen weiß (das Fruchtfleisch) – wird hier auf Little Bear übertragen. Seine Kritiker sagen, dass er außen rot (d. h. seine Hautfarbe), innen aber weiß sei (also sein Herz, seine Gefühle, die eines Weißen seien).*

a) Little Fish möchte den Touristen die Kultur der Indianer näherbringen. Dabei will er insbesondere die Geschichte des Cherokee-Stammes vermitteln, damit deren Traditionen nicht in Vergessenheit geraten. Hauptsächlich geht es ihm darum, die Besucher über die Vertreibung der Indianer nach Oklahoma und die damit verbundenen Leiden zu informieren.

b) – Die Touristen möchten die Traditionen/Bräuche/Sitten, zum Beispiel die Tänze, der Indianer kennenlernen.
– Sie können erfahren, wie es ist, in einem Tipi zu übernachten.
– Es gibt auch die Möglichkeit, in einer Holzhütte auf einer Farm zu übernachten. Dabei kann man das Leben der Cowboys aus der Nähe erleben.
– Touristen können auch lernen, wie ein Cowboy reitet.

c) Mit den „Weißen“ sind die weißen Amerikaner gemeint. Die „Roten“ sind die Indianer, die „Rothäute“. Little Bear ist ein Indianer und sieht äußerlich auch so aus, d. h. er hat eine rote Hautfarbe. Seine Stammesmitglieder werfen ihm jedoch vor, dass er durch seine Arbeit auf Kenneys Farm die Indianerkultur an die Weißen verkaufe. Sie sagen, dass er innerlich ein „Weißer“ sei. Außen rot, innen weiß – wie ein Apfel.

Wahlaufgabe

7. a) Ein Interview führen

Ein Interview besteht aus einer Reihe von Fragen und Antworten. Achte auf folgende ***formale und inhaltliche Punkte:***

- *Beginne dein Interview mit der Begrüßung deines Gesprächspartners und einer kurzen Einleitung, in der du dich selbst vorstellst.*
- *Achte auf den Adressatenbezug: Für welche Leserschaft schreibst du das Interview? Danach richtet sich auch deine Sprache.*
- *Beziehe dich in deinem Interview auf Informationen aus dem Text.*
- *Achte darauf, dass Fragen und Antworten zusammenpassen.*
- *Beende dein Interview, indem du dich bei deinem Interviewpartner verabschiedest; am besten immer mit Dank für die Zeit, die er sich genommen hat.*
- *Gut ist es, wenn dein Interview zielgerichtet ist, wenn also deine Fragen in eine Richtung gehen. Hier bietet es sich z. B. an, Little Fishs Ärger über die amerikanische Regierung und seine politischen Ansichten herauszuarbeiten. Beziehe dich dabei auf die Informationen im Text. Du kannst auch eigene Ideen einbringen.*

Reporter: Guten Tag, ich komme von der Schülerzeitung „Maulwurf“ aus Offenbach. Vielen Dank, dass Sie sich Zeit für uns genommen haben, Herr – darf ich Little Fish sagen?

Little Fish: Ja, natürlich möchte ich Little Fish genannt werden, aber bitte ohne „Herr“.

R.: Sie arbeiten im Cherokee Heritage Center, einem Indianermuseum. Was ist das für ein Museum und was wird dort genau gezeigt?

LF: Das Museum steht in Talequah, Oklahoma. Es zeigt und erklärt die Geschichte meines Stammes, der Cherokee-Indianer. Die Besucher können unsere Kultur und Traditionen kennenlernen, sie erfahren dort auch viel über das Leid, das die Cherokee durch Zwangsumsiedlung erfahren haben.

R.: Können Sie uns etwas über die Besonderheiten der Cherokee-Kultur sagen?

LF: Wie man an mir sehen kann, haben wir eine traditionelle Frisur, wir scheren uns einen Streifen um den Kopf und lassen nur einen kleinen Zopf in der Mitte hängen. Für unsere Tänze schminken wir uns und schmücken uns mit Federn. Außerdem gibt es eine besondere Kunst, wie man Tipis, also Zelte, baut und verziert.

R.: Was sagen denn die „weißen" Amerikaner, wenn sie Ihre Frisur sehen?

LF: Sie sind sehr neugierig, meistens wollen sie mich fotografieren. Ich mag das nicht so gerne, ich möchte lieber die wirklich wichtigen Dinge erklären, z. B. die Geschichte der Indianer in Oklahoma.

R.: Leben in Oklahoma mehr Indianer als anderswo?

LF: Ja, es leben dort 37 Indianerstämme.

R.: 37, nur in Oklahoma? Warum so viele?

LF: Meine Vorfahren und die anderen Stämme wurden Anfang des 20. Jahrhunderts nach Oklahoma zwangsumgesiedelt. Wir mussten unsere Stammesgebiete verlassen und dorthin ziehen. Seit 1907 gehört Oklahoma zu den USA.

R.: Jetzt gibt es ja die großen Feiern zum 100-jährigen Jubiläum.

LF: Ich hasse diese Feierlichkeiten. Was sollen wir Indianer denn feiern? Dass man uns unser Land weggenommen hat? Dass wir von Washington regiert werden?

R.: Was fordern Sie von Washington?

LF: Wir wollen, dass die Regierung uns in Ruhe lässt. Wir können uns selbst regieren und verwalten. Wir haben bereits eigene Schulen, eine Polizei und auch Krankenhäuser. Unsere Eigenständigkeit ist uns sehr wichtig.

R.: Was können die Besucher Ihres Museums tun, was kann jeder Einzelne tun?

LF: Die Besucher sollten nicht nur kommen, um ein paar Fotos von bunt geschminkten Indianern zu schießen. Sie sollten sich die Zeit nehmen, unsere Kultur wirklich kennenzulernen, damit sie uns besser verstehen.

R.: Vielen Dank, Little Fish, dass Sie sich Zeit für dieses Interview genommen haben und gute Heimreise.

LF: Danke.

b) Einen persönlichen Brief schreiben

Bei einem persönlichen Brief musst du bestimmte ***formale und inhaltliche Kriterien*** *berücksichtigen. Achte auf die folgenden Punkte:*

- *Äußere Form des Briefs: Ort, Datum, Anrede („Liebe/r ...“), Grußformel („Liebe Grüße“) und Unterschrift nicht vergessen.*
- *Die persönlichen Anredepronomen kannst du in einem Brief entweder einheitlich klein- oder großschreiben: Also entweder du, dein, ihr, euer usw. oder Du, Dein, Ihr, Euer usw.*
- *Denke auch daran, dass du dich in deinem Brief an den Adressaten, also die Person, an die du schreibst, wendest. Du solltest sie am besten ab und zu direkt ansprechen (z. B. „Kannst du dir vorstellen ...“).*
- *Berichte von dem Anlass deiner Reise und gib deiner Begeisterung Ausdruck.*
- *Beziehe dich auf die Textvorlage, bringe aber auch eigene Ideen ein.*

Talequah, 23. 04. 2008

Liebe Jennifer,

wie schade, dass du jetzt nicht bei mir bist. Wie du weißt, habe ich eine Reise nach Oklahoma gewonnen, als ich an einem Buchpreisausschreiben teilgenommen habe. Vor einer Woche bin ich von Frankfurt aus abgeflogen. Schon der Flug war ein Erlebnis, ich bin noch nie so weit geflogen.

In Oklahoma City bin ich am Flughafen abgeholt worden. Stell dir vor, da wartete ein gut aussehender Typ in Cowboykleidern mit einem Schild, auf dem mein Name stand. Mit einem Pick-Up sind wir ungefähr 100 Kilometer bis zur Rinderfarm von Kenney gefahren. Nachdem mich alle begrüßt hatten, hat mir Kenney selbst die Farm gezeigt. Sie ist riesengroß! Ich konnte nur einen Teil sehen. Wir sind an riesigen Rinderherden vorbeigekommen und auch viele Cowboys auf ihren Pferden habe ich schon gesehen.

Das war alles am ersten Tag. Nach der Besichtigungstour war ich todmüde, besonders wegen der Zeitverschiebung. Kenney zeigte mir mein Zimmer. Es war in einer typischen Holzhütte, wie sie die Cowboys haben. Sie lag etwas entfernt vom Hauptgebäude.

Am nächsten Tag war ich dann wieder fit. Als Erstes habe ich ein Rodeo gesehen. Meine Begleiter haben mich gefragt – ich glaube eher aus Spaß –, ob ich auch mal probieren möchte, auf so ein wildes Pferd zu klettern, aber das hätte ich mich nicht getraut. Als sie mir dann ein ganz friedliches Pony gegeben haben, bin ich mit auf die Weide geritten. Es war gar nicht so schwierig, nur jetzt tut mir mein Hinterteil weh.

Die Cowboys haben mir erzählt, wie die Rinder einmal im Jahr zusammengetrieben werden, um sie zu markieren. Das bedeutet, dass sie ein Brandzeichen bekommen, sodass jeder weiß, zu welcher Herde die Rinder gehören. Den Viehtrieb macht man heute noch mit Pferden, mit Trucks geht es nicht, denn die Wege sind oft so schlecht, dass man nur mit Pferden vorankommt. Unser Mittagessen war so, wie man es aus Filmen kennt: Es gab Bohnen, die über dem Lagerfeuer warm gemacht wurden und Kaffee aus Blechtassen. Ich habe eine Dose Cola bekommen.

Nach dem dritten Tag bin ich auf den indianischen Teil der Farm umgezogen. Ich habe in einem echten Indianerzelt, einem Tipi, übernachtet, zusammen mit Touristen aus Frankreich. Die waren ganz nett. Stell dir vor, in dem Tipi gibt es eine offene Feuerstelle, das ist sehr gemütlich. Am Nachmittag habe ich Little Bear kennengelernt. Er ist Indianer und hat einen langen schwarzen Zopf. Er trägt aber wie alle anderen auch Jeans und T-Shirt. Traditionell indianisch kleidet er sich nur bei Vorführungen für Touristen.

Am nächsten Tag kamen viele neue Touristen und Little Bear hat für sie getanzt. Dafür hat er sich eine Art Federrad am Rücken befestigt und sich geschminkt. Das war eine richtige Kriegsbemalung. Später hat er mir erklärt, dass er das macht, damit die Menschen die indianischen Bräuche kennenlernen können und seine Kultur nicht in Vergessenheit gerät. Little Bear hat erzählt, dass sein Stamm gezwungen wurde, sein ursprüngliches Gebiet zu verlassen und sich in Oklahoma anzusiedeln. Viele Stämme – um genau zu sein 37 – sind nach Oklahoma zwangsumgesiedelt worden.

Morgen besuchen wir noch ein Museum, das Cherokee Heritage Center, da wird besonders die Geschichte und das Leiden der Indianer bei der Zwangsumsiedlung dargestellt.

Ja, und dann ist die schöne Zeit schon vorbei und ich muss nach Hause zurückfliegen.

Eins kann ich aber jetzt schon sagen: Es war einmalig. Wenn ich wieder in Deutschland bin, musst du mich besuchen und ich zeige dir meine Fotos und Andenken.

Ganz liebe Grüße

Deine …

Abschlussprüfung an Hauptschulen in Hessen 2009
Deutsch – Text 1

Lösungen zum Text „Der Sieger" von Erich Junge

1. *Sieh dir die Textstelle sehr genau an und probiere durch Einsetzen der drei vorgegebenen Wörter aus, welches* ***im Textzusammenhang einen Sinn ergibt****.*

a) [X] beeindrucken

b) [X] herausfordern, ärgern

2. *Überlege zunächst, ob du ein Wort mit ähnlicher Bedeutung kennst. Dann kannst du es gleich einsetzen und den Satz neu aufschreiben. Wenn du nicht sicher bist, schlage die unterstrichenen Wörter* ***im Wörterbuch*** *nach. Hier werden die Stichwörter häufig durch andere Ausdrücke erklärt, die du dann verwenden kannst. Aber Achtung: Du darfst nicht einfach eines der Wörter auswählen. Du musst* ***immer überprüfen****, ob das Wort* ***im Textzusammenhang*** *passt!*

a) … als er uns jetzt provozierend/frech/kampfbereit der Reihe nach anblickte, …

b) Es herrschte eine Art Spannung, die jeder spürte, und die doch jeder zu übersehen/nicht wahrzunehmen versuchte/…, über die jeder hinwegzusehen versuchte /… und doch versuchte jeder so zu tun, als ob nichts wäre.

3. *Lies den Text konzentriert und* ***unterstreiche*** *die Sätze, die deiner Meinung nach den Sinn der Sätze a–d wiedergeben.* ***Vergleiche*** *dann alle unterstrichenen Sätze mit den Sätzen a–d und* ***überprüfe****, ob tatsächlich der gesamte Satz Ähnliches ausdrückt. Schreibe die Sätze heraus. Denke an die* ***Zeilenangabe****. Wenn du sie vergisst, gibt es Punktabzug! Achte darauf, dass du genau* ***einen Satz*** *herausschreibst, sonst kann es ebenfalls Abzüge geben.*

a) Vielleicht hatte der Lehrer es nicht bemerkt; er tat jedenfalls so, zog den Notizblock hervor und rechnete die Punkte noch einmal zusammen. (Z. 40–43)

b) Sein Atem ging keuchend, und wir froren, als wir ihm ins Gesicht sahen. (Z. 74/75)

c) Ich ging schweigend an ihm vorbei, aber mein Herz schlug mir im Halse. (Z. 124/125)

d) „Du kannst seinen Schatten sehen, mehr nicht, er steht da, als ob er nicht zu uns gehörte." (Z. 141–143)

4. *Suche zunächst die passenden Textstellen (Z. 32–40, 53–57) und lies sie noch einmal gründlich.* ***Markiere*** *die Stellen, die bei der Beantwortung der Fragen helfen.* ***Vergleiche*** *anschließend die vorgeschlagenen Lösungen mit dem Text und kreuze dann* ***die jeweils richtige*** *Antwort an.*

a) ☒ Er dreht sich um und zeigt Bert seinen Rücken.

b) ☒ Er hat die richtige Technik angewandt.

5. *In der Aufgabenstellung ist hervorgehoben, dass du* ***in ganzen Sätzen*** *und* ***mit eigenen Worten*** *formulieren sollst. Du darfst also nicht nur Stichpunkte aufzählen. Dafür erhältst du Abzüge. Noch mehr Abzüge gibt es, wenn du einfach Textstellen abschreibst.*
Frage b *ist nicht leicht zu beantworten. Du musst dafür den ganzen Text berücksichtigen, besonders das, was der* ***Vater des Erzählers*** *sagt. Versuche, dich in Werners Rolle zu versetzen.*

a) Berts Freunde haben Angst um ihn. Sie spüren die Spannung, die in der Situation liegt: Bert freut sich sichtbar über seinen Sieg, während Werner wütend über seine Niederlage ist. Die Freunde wissen, dass es gefährlich ist, Werner zu reizen. Sie befürchten, dass dieser seinen Ärger an Bert auslassen könnte und Bert bei einer Prügelei nicht gewinnen kann. Auch sie als Freunde müssten dann Stellung beziehen.

b) Werner möchte kämpfen. So könnte er die Wut über seine Niederlage körperlich abreagieren. Es würde außerdem den anderen zeigen, dass er immer noch der Stärkste ist, auch wenn er den Fünfkampf verloren hat. Er möchte von den anderen anerkannt werden, stößt jedoch auf Ablehnung. Wenn er nicht dazugehören kann, will er wenigstens respektiert werden.
Bert verweigert den Kampf. Er will auch nicht, dass seine Freunde für ihn kämpfen. Damit nimmt er Werner die Möglichkeit, den anderen mit seiner Kraft zu imponieren. Er kann natürlich nicht auf Bert einschlagen, der erklärt hat, dass er sich nicht wehren will. Dann stünde er als brutaler Schläger da. Werners Wut sackt in sich zusammen. Er fühlt sich auf einmal hilflos, einsam und so traurig, dass er weinen muss.

c) Werner kann nicht zu Bert und seinen Freunden gehen, denn er gehört nicht zu der Clique. Außerdem hat er in ihrem Beisein geweint, das macht es noch schwieriger für ihn. Wahrscheinlich kennt er keine Klassenkameraden so gut, dass er sich zu ihnen setzen oder ein Gespräch beginnen könnte. Andererseits würde er gerne zur Clique gehören und am Fest teilnehmen, deshalb ist er gekommen. Er hält sich abseits und beobachtet das Geschehen aus der Ferne.

6. *Auch hier musst du deine Antworten in* ***ganzen Sätzen*** *und mit* ***eigenen Worten*** *formulieren.*
Zu a): *Sieh dir die Aufgabenstellung gut an: Es wird auf eine* ***Textstelle verwiesen*** *(Z. 124/125). Lies die Fortsetzung dieser Stelle noch einmal genau, denn hier wird ein* ***naheliegender Grund*** *für das Herzklopfen bereits* ***ausgeschlossen****: Der Ich-Erzähler hat* ***keine Angst*** *mehr vor Werner. Überlege, welchen Grund es noch geben könnte, dass dem Erzähler das Herz im Hals klopft.*
Zu b): *Die Erzählung heißt „Der Sieger". In der Aufgabenstellung heißt es: „Es gibt* ***nicht nur einen Sieger****."Also sind beide Jungen, Bert und Werner, Sieger. Überlege, was die beiden Jungen zu Siegern macht. Nicht nur im Wettkampf kann man gewinnen.* ***Begründe ausführlich****.*

a) Der Ich-Erzähler hat beim Mittagessen mit seinem Vater über Werner gesprochen und dabei erwähnt, dass dieser geweint hat. Durch die Fragen des Vaters ist ihm klargeworden, dass es für Werner sehr schwer gewesen ist, in der Klasse zurechtzukommen. Die Clique um Bert und den Ich-Erzähler hat ihm keine Chance gegeben, Freunde zu finden. Das weiß der Ich-Erzähler jetzt und hat ein schlechtes Gewissen. Er kann Werner nicht mehr einfach ignorieren oder als brutalen Kraftprotz behandeln. Er weiß aber nicht, was er tun soll, daher unternimmt er zunächst nichts, fühlt sich aber unwohl, das „Herz schlägt ihm bis zum Hals."

b) Bert ist Sieger, weil er den Fünfkampf gewinnt. Auch aus der Begegnung mit Werner nach dem Wettkampf geht er als Sieger hervor, denn er hat die Prügelei mit Werner verweigert. Ganz besonders ist er jedoch Sieger, weil er den ersten Schritt tut und zu Werner geht, mit ihm spricht und ihn in den Kreis der Freunde holt.
Auch Werner gewinnt in doppelter Hinsicht. Er verzichtet auf die Prügelei mit Bert, die er wahrscheinlich gewonnen hätte. Dann spricht er mit Bert und erreicht endlich die Aufnahme in die Clique, die er sich schon lange gewünscht hat.
Beide Jungen sind also Sieger, weil sie einen Weg aus der Gewalt und den Missverständnissen gefunden haben. Dadurch wird für alle die Situation in der Klasse verbessert.

Wahlaufgabe

7. a) Eine Szene mit Regieanweisungen schreiben

Bei der Wahlaufgabe kannst du ***viele Punkte*** *erreichen, deshalb ist es wichtig, dass du dich hier noch einmal richtig anstrengst.*

Du sollst überlegen, was die beiden Jungen, Bert und Werner, unter den Buchen miteinander ***gesprochen*** *haben könnten und dazu eine* ***Szene mit Regieanweisungen*** *schreiben. Wie könnte das Gespräch verlaufen sein, sodass die beiden anschließend nicht mehr als Gegner, sondern gemeinsam zu den Tischen zurückgekehrt sind? Mach dir dazu Stichpunkte. Der* ***Inhalt*** *des Gesprächs ist am wichtigsten. Es ist aber auch wichtig, dass du* ***Regieanweisungen*** *gibst, die den Ablauf der Szene verdeutlichen. Stelle dir die Szene bildlich vor und überlege, wie die zwei Jungen stehen (****Körperhaltung****) und sich bewegen (****Gestik****) könnten, welcher Gesichtsausdruck jeweils zum Sprecher passen würde (****Mimik****) und ob sie vielleicht auf eine besondere Art* ***sprechen*** *(z. B. schreien, flüstern). Setze die Regieanweisungen in Klammern.*

Am besten beginnst du deine Szene mit einer Regieanweisung, die dem Leser einen Überblick über die Anfangssituation gibt.

Deine ***Stichpunkte*** *zum Ablauf des Gesprächs könnten z. B. so aussehen:*

- *Wie beginnt Bert das Gespräch? (Begrüßung mit Namen)*
- *Werner spricht seinen Ärger aus.*
- *Werner erzählt von seiner Situation als Neuer in der Klasse.*
- *Bert sieht ein, wie schwierig es für Werner war.*
- *Bert entschuldigt sich.*
- *Bert lobt Werners Stärke.*
- *Werner lobt Berts Technik.*
- *Sie verabreden gemeinsames Training.*

(Bert geht langsam zu den Buchen hinüber. Er hat die Hände in den Hosentaschen. Etwa zwei Meter vor Werner bleibt er stehen. Werner schaut ihn nicht an, blickt stattdessen auf den Boden. Bert spricht ihn nach einem Moment an.)

BERT: Hallo, Werner!

WERNER *(blickt auf, spricht mit leicht aggressivem Unterton)*: Ich wusste gar nicht, dass hier jemand weiß, wie ich heiße.

BERT *(nachdenklich, schaut nach unten, zwingt sich aber Werner anzusehen)*: Du hast wahrscheinlich recht. Wir haben dir damals, als du in unsere Klasse kamst, kaum eine Chance gegeben. Es war nicht mal böse gemeint, aber du warst so kräftig, so stark und schienst gar kein Interesse an uns zu haben.

WERNER *(vorwurfsvoll, schaut nach unten)*: Stell dir vor, du kommst in eine neue Klasse, wo sich alle schon ewig kennen. Ihr wart eine geschlossene Gruppe. Ich wollte nicht um eure Freundschaft betteln. Ich wollte es euch anders zeigen, mit meiner Kraft *(blickt nach oben, drückt den Rücken durch, sodass sein kräftiger Oberkörper sichtbar wird).*

BERT *(mit Respekt, schaut Werner an)*: Das ist dir auch gelungen. Keiner würde sich mit dir anlegen. Wenn du heute Morgen gekämpft hättest, hätte ich mich nicht gewehrt. Ich weiß, dass ich gegen dich keine Chance habe.

WERNER *(verwundert, blickt nach oben)*: Wieso glaubst du das? *Du* hast doch den Fünfkampf gewonnen. Und dann hat der Brenner auch noch gesagt, ich soll dir gratulieren. Das konnte ich einfach nicht.

BERT: Das verstehe ich, ich wollte das auch gar nicht. Aber weißt du, ich habe gewonnen, weil ich die bessere Technik habe. Aber du, du hast mehr Kraft.

WERNER *(misstrauisch, das Gewicht von einem Fuß auf den anderen verlagernd)*: Wieso kommst du jetzt und sagst mir das alles? Hast du Angst, dass ich mich räche? Was wollt ihr?

BERT *(zögernd, es ist ihm peinlich)*: Wir haben gesehen, dass du geweint hast. Da haben wir uns geschämt. Erich *(Kopfbewegung Richtung Festplatz)* hat gesagt, dass wir dir keine Chance gegeben haben. Er wäre auch zu dir gekommen, aber er konnte nicht, meinetwegen, weil er dachte, er stellt sich dann gegen mich.

WERNER *(unsicher)*: Und jetzt?

BERT *(entschieden)*: Jetzt kommst du mit rüber, zu den anderen. Und dann reden wir über das Training. Wir können zusammen üben. Ich habe mir von den Diskus- und Speerwerfern einige Tricks abgeguckt. Die kann ich dir zeigen. Und beim nächsten Fünfkampf sind wir beide unschlagbar.

WERNER *(zögernd, aber froh)*: Gut, ich komme mit.

(Zusammen gehen die beiden zu dem Tisch, an dem Erich sitzt.)

b) Einen Tagebucheintrag schreiben
Ein Tagebucheintrag ist eine ***individuelle*** *und* ***persönliche Form*** *des Schreibens. Hinsichtlich des Inhalts und der Gestaltung hast du dabei sehr viel Freiheit. Es gibt allerdings in der Aufgabenstellung zwei Vorgaben, die du unbedingt berücksichtigten musst. Das ist erstens die* ***Perspektive****, aus der geschrieben werden soll: die des* ***Ich-Erzählers*** *(und nicht die von Bert oder von Werner!). Eine zweite Vorgabe ist, dass* ***Gedanken und Gefühle*** *geäußert werden sollen. Damit sind auch* ***geheime Gedanken*** *und vielleicht* ***unangenehme Gefühle*** *wie Angst oder Scham gemeint. Versetze dich in den Ich-Erzähler und überlege, was er in den verschiedenen Situationen (nach*

dem Wettkampf, im Gespräch mit dem Vater, als er Werner allein unter den Buchen stehen sieht, als Werner und Bert zurückkommen) empfindet. Schreibe in der ***Ich-Form****.*

Es ist ein komisches Gefühl, einen Jungen weinen zu sehen. Die meisten würden es nie vor anderen tun. Ich selbst auch nicht. Manchmal hatte ich schon das Gefühl, dass mir die Tränen kommen, aber ich konnte sie immer zurückhalten. „Ein Indianer weint nicht." Diesen Spruch habe ich früher manchmal zu hören bekommen. Das hat sich eingeprägt.
Und plötzlich weint der Werner Dannwitz. Der starke Werner. Er hat es bestimmt nicht gewollt. Aber wahrscheinlich war alles zu viel für ihn. Erst war Bert im Fünfkampf besser als er, dann hat auch Brenner noch gesagt, Werner soll Bert zu seinem Sieg gratulieren. Und schließlich wollte Bert nicht gegen ihn kämpfen, hat ihm gesagt, dass er sich nicht wehren wird. Jetzt konnte Werner gar nichts mehr machen. Sagen konnte er auch nichts, was hätte er denn noch sagen sollen? Und er hat ja keine Freunde, nicht einen einzigen.
Das hat mich so berührt, dass ich bei Tisch meinem Vater davon erzählt habe. Der hat sofort verstanden, warum Werner immer der Stärkste sein musste. Wir hätten ihm gar keine Chance gegeben, als er neu in unsere Schule kam, hat mein Vater gesagt. Wenn ich mich zurückerinnere, stimmt das auch. Er war auf einmal da, war in unserer Klasse, aber wir haben ihn nicht gebraucht, wir haben uns ganz einfach nicht für ihn interessiert. Irgendwann hat er dann bei jeder Gelegenheit seine Kräfte ausgespielt. Da haben wir ihn wahrgenommen, aber so mochten wir ihn natürlich nicht. Denn er war stärker als jeder von uns und das hat er uns immer wieder gezeigt. Also sind wir ihm aus dem Weg gegangen. Etwas Angst war wohl auch dabei.
Und auf einmal weint er! In dem Moment habe ich überhaupt erst gemerkt, dass er auch ein Mensch ist, genauso ein Junge wie wir. Ich konnte aber nicht so einfach zu ihm gehen, denn Bert ist ja mein Freund und den konnte ich nicht verraten. Aber Bert hat mich verstanden, als ich ihm gezeigt habe, wie allein Werner unter den Buchen stand, abends bei dem Fest. Schließlich ist Bert zu ihm rübergegangen. Ich weiß nicht, was die beiden miteinander geredet haben, aber sie kamen zusammen zurück. Als sie an den Tisch kamen, an dem ich saß, haben wir uns unterhalten. Wir haben über nichts Besonderes gesprochen, nicht über den Tag und was vorgefallen war, sondern über die Stadt, aus der Werner hierher gezogen ist, über die Lehrer, den Sport, über alles Mögliche. Dabei habe ich gemerkt, dass Werner in Ordnung ist, ein wirklich sympathischer Typ. Wir haben ihn einfach nicht gekannt.

Lösungen zum Text „Kopfstand im Sand" von Mirco Lomoth

Allgemeiner Hinweis: *Die Arbeit am Text „Kopfstand im Sand" ist nicht ganz leicht. Der Text liefert viele Informationen zu verschiedenen Tieren.* ***Markiere*** *am besten die* ***Informationen*** *zu den* ***jeweiligen Tierarten*** *in verschiedenen Farben und schreibe den Namen des Tieres an den Rand. Das hilft dir später, die entsprechenden Stellen* ***ohne langes Suchen*** *zu finden.*
Außerdem beinhaltet der Text viele ***Fremdwörter****. Einige davon werden im Anschluss an den Text erklärt. Fremdwörter, die hier nicht erklärt sind, solltest du markieren und nachschlagen, wenn du nicht genau weißt, was sie bedeuten.*

1. ***Zu a):*** *Hier musst du ganz genau lesen! Die drei Auswahlantworten sind sehr ähnlich. Setze die einzelnen Auswahlantworten in den Satz ein und entscheide, welcher Ausdruck den Sinn des Ausgangssatzes wiedergibt.*
Zu b): *In der Aufgabenstellung werden dir hier die Wortbedeutungen, die das Wörterbuch vorschlägt, schon angegeben. Du musst deshalb allein über den* ***Textzusammenhang*** *herausfinden, welcher Ausdruck den Sinn des Ausgangssatzes wiedergibt.*

a) ☒ Nutzen/Gewinn aus etwas ziehen

b) ☒ mit scharfer Aufmerksamkeit betrachten

2. *Schlage die beiden Wörter im* ***Wörterbuch*** *nach. Hier findest du Synonyme (Wörter mit gleicher oder ähnlicher Bedeutung) als Worterklärungen. Aber Vorsicht: Setze nicht einfach das erste dort angegebene Wort in deinen Satz ein, sondern achte bei deiner Auswahl unbedingt auf den* ***Textzusammenhang****!*

a) „<u>Bewegliche</u> Wasserflaschen", sagt Tommy.

b) Noch mehrmals bremst Tommy <u>plötzlich</u>.

3. *Lies den Text gründlich und* ***unterstreiche*** *die Sätze, die deiner Meinung nach den Sinn der Sätze a–d wiedergeben.* ***Vergleiche*** *dann deine unterstrichenen Sätze nochmals mit den Sätzen a–d und* ***überprüfe****, ob tatsächlich der gesamte Satz Ähnliches ausdrückt. Schreibe die Sätze heraus. Denke an die* ***Zeilenangabe****. Wenn du sie vergisst, gibt es Punktabzug! Achte darauf, dass du genau* ***einen Satz*** *herausschreibst, sonst kann es ebenfalls Abzüge geben.*

a) Schon Minuten später zieht sich der Nebel im Zeitraffer zurück und hinterlässt nichts als Sand und wolkenlosen Himmel, die Sonne brennt. (Z. 8–11)

b) Fast jeden Tag führt Tommy Touristengruppen in die Wüste und zeigt ihnen die kleinen Bewohner dieser scheinbar so lebensfeindlichen Umwelt. (Z. 20–23)

c) Er stellt sich oben am Dünenkamm kopfüber in den Morgennebel, der auf seinem Rücken kondensiert und zu seinen Fresswerkzeugen rinnt. (Z. 54–57)

d) Zwischen den Stängeln des Busches zeichnet sich eine längliche Kontur ab, nur die Augen schauen aus dem Sand. (Z. 89–92)

4. *Suche nach den Textstellen, in denen die Wörter* ***Namib*** *und* ***Quadfahrer*** *vorkommen. Versuche* ***querzulesen****, d. h., überfliege den Text nach den zwei Schlüsselwörtern. Lies diese Textstellen nochmals genau. Dann kannst du die Fragen problemlos beantworten, denn du findest die Lösungen fast wörtlich im Text.*

a) ☒ ist eine der trockensten Wüsten der Erde.

b) ☒ Sie nehmen beim Fahren keine Rücksicht auf Tiere und Pflanzen.

5. ***Zu a):*** *Zwischenüberschriften sollen den* ***Inhalt bzw. die Hauptaussage*** *des jeweiligen Abschnitts* ***knapp*** *und in der Regel* ***stichpunktartig*** *wiedergeben. Auch kurze Sätze sind möglich. Zwischenüberschriften haben – wie alle Überschriften – kein Satzschlusszeichen.*
Zu b): *Jetzt hilft es dir, wenn du die Aussagen über die verschiedenen Tiere* ***markiert*** *hast (vgl. den allgemeinen Hinweis auf S. 2009-7). Lies die Aufgabenstellung genau. Es geht darum, zu beschreiben, welche* ***Fähigkeiten*** *die Tiere* ***zum Überleben in der Wüste*** *entwickelt haben. Du sollst nicht alle, sondern nur* ***zwei*** *Tiere beschreiben. Schreibe in* ***ganzen Sätzen****. Du kannst sehr nah am Text bleiben, denn in der Aufgabe ist nicht gesagt, dass du mit eigenen Worten formulieren musst.*

a) **Abschnitt 1**
Mögliche Lösungen:
- Der Touristenführer Tommy Collard in der Wüste Namib
- Fahrt mit dem Touristenführer Tommy Collard in die Wüste Namib

Abschnitt 3
Mögliche Lösungen:
- Käfer als mobile Wasserflaschen
- Der Nebel versorgt alle Lebewesen mit Wasser

Abschnitt 5
Mögliche Lösungen:
- Quadfahren – ein verantwortungsloses Vergnügen
- Unkontrolliertes Quadfahren gefährdet die Tiere und die Pflanzenwelt der Namib
- Tommy versucht die Besucher der Namib aufzuklären

b) *Mögliche Lösungen:*
- Der **Gecko** vergräbt sich im Sand, um der Hitze zu entfliehen.
- Der **Käfer** macht Kopfstand im Nebel; der Nebel kondensiert an seinem Körper: das Kondenswasser läuft zu seinen Fresswerkzeugen.
- Die **Zwergpuffotter** gräbt sich bis auf die Augen in den lockeren Sand ein, um sich zu tarnen. (*Oder:* Die Zwergpuffotter bewegt sich durch Seitenwinden im lockeren Sand vorwärts.)
- Die sandtauchende **Eidechse** hält jeweils zwei Beine weg vom heißen Wüstensand in die Luft, um ihre Körpertemperatur zu normalisieren.

6. ***Zu a):*** *Hier musst du die Frage genau* ***analysieren*** *(untersuchen). Es geht um zwei Aspekte (Gesichtspunkte): Warum werden die Büsche in der Namib als „Stadt" bezeichnet? Hier wird ein* ***sprachliches Bild*** *verwendet, welches du zunächst auflösen (erklären) musst. Inwiefern gleicht ein Busch der Namib einer Stadt? Überlege, wodurch sich eine Stadt auszeichnet, und übertrage dies auf das Leben in den Büschen.*
Der zweite Punkt, auf den du dich beziehen sollst, ist die Aussage Tommys, dass man in diesen Büschen nicht herumstochern sollte. Hier musst du auf die mögliche ***Gefährlichkeit*** *der Tiere, die in den Büschen leben, eingehen.*
Zu b): *Achte darauf, dass du* ***nur einen*** *Satz schreibst. Dieser darf natürlich aus Hauptsatz und Nebensatz (bzw. Nebensätzen) bestehen.*
Zu c): *In Teilaufgabe b hast du geschrieben, was Tommy erreichen will. Jetzt erklärst du, auf* ***welche Art*** *er das versucht. Denke dabei an seine Führungen für die Touristen, aber auch die Führungen für die Veranstalter von Quadbikefahrten. Zur Erreichung der vollen Punktzahl musst du hier* ***zwei Aspekte*** *nennen.*

a) In der Namib gibt es nur wenige Büsche, die Talerpflanzen. Sie bieten etwas Schatten und halten den Wind auf. Viele unterschiedliche Tiere suchen den Schutz, den die Büsche bieten. Deshalb sind die Büsche und ihre Umgebung belebt wie eine kleine Stadt, aber das ist nicht auf den ersten Blick zu erkennen. Es ist riskant, sich diesen Büschen unaufmerksam zu nähern. Und wer mit einem Zweig darin herumstochert, muss damit rechnen, dass er gefährliche Tiere stört und möglicherweise angegriffen wird.

b) *Mögliche Lösungen:*
- Tommy möchte viele Menschen für den besonderen Lebensraum der Wüste Namib sensibilisieren und begeistern.
- Tommy informiert über die Besonderheiten der Wüste Namib, sodass die Menschen Respekt vor dieser schützenswerten Lebenswelt bekommen und sich vernünftig verhalten.
- Tommy will die Tiere und Pflanzen der Namib schützen und macht Führungen, damit andere sein Ziel teilen.
- Tommy sagt: „Wir müssen verstehen, dass wir hier draußen zwar alle Freiheiten haben, aber auch viel Verantwortung." (Z.142–144)

c) *Mögliche Lösungen:*
- Tommy führt sehr viele Menschen durch die Wüste. Er bietet unterschiedlichen Gruppen Führungen an: Touristen, Schülern, Quadbikefahrern.
- Tommy bietet eine fünfstündige „Living-Desert-Tour" an, bei der er Touristen viele verschiedene Tiere zeigt und ihre Lebensweise erklärt. (*Oder:* Tommys Führungen sind so lebendig und spannend, dass sie die Menschen für die Tier- und Pflanzenwelt der Wüste begeistern. *Oder:* Er führt Touristen durch die Wüste und erklärt ihnen die Lebensweise der Wüstentiere.)
- Er macht Führungen für Quadbiketouren-Anbieter, damit sie bestimmte Verhaltensweisen lernen. (*Oder:* Den Anbietern von Quadbiketouren hat er sich kostenlos zur Verfügung gestellt. Er hat sie davon überzeugt, nur noch auf festgelegten Routen ihre Touren zu machen.)
- Er gibt bei den Führungen ein Beispiel, indem er auf festen Routen bleibt.
- Er gibt den Touristen ein Beispiel, indem er sehr behutsam mit den Tieren umgeht.

Wahlaufgabe

7. a) Ein Interview führen

In einem Interview wird ein interessanter Gesprächspartner zu einem bestimmten Thema befragt. Fragen und Antworten wechseln sich ab, sie müssen dabei aufeinander bezogen sein und dürfen nicht zusammenhanglos nebeneinander stehen.

Folgende Punkte musst du beim Schreiben des Interviews beachten:
- *Da du laut Aufgabenstellung für eine Schülerzeitung schreibst, musst du drauf achten, dass deine Fragen und die Antworten von Tommy Collard* ***für diese Lesergruppe verständlich*** *und* ***interessant*** *sind.*

- *Das Thema ist nicht sehr bekannt, deshalb ist es gut, wenn du in einer **Einleitung** erklärst, wer Tommy Collard ist, woher er kommt, was seine Tätigkeit ist. Diese Informationen entnimmst du dem Text. Es ist aber auch erlaubt, dass du eigene Ideen einbringst. Du kannst z. B. erklären, warum Tommy jetzt in Deutschland ist.*
- *Zu Beginn des Interviews **begrüßt** du den Gesprächspartner und **dankst** für seine Bereitschaft zum Gespräch.*
- *Im Text geht es überwiegend um **zwei große Themen:** die Vorstellung verschiedener seltener und seltsamer Tiere und die Gefährdung der Wüste durch den Menschen. Beide Themen solltest du im Interview ansprechen. Die Gefährdung der Wüste und das Engagement von Tommy ist das gewichtigere Thema, deshalb solltest du die Fragen dazu am Schluss stellen, so ergibt sich eine Steigerung.*
- *Ein guter Interviewer bezieht sich auf die Antworten des Gesprächspartners, indem er **nachfragt**, etwas genauer wissen will oder zusätzliche Informationen erbittet.*
- *Du kannst Fragen stellen und Antworten formulieren, die **über den Text hinausgehen**. Natürlich müssen sie aber trotzdem zum Thema passen.*
- *Am **Schluss** kannst du noch einmal zusammenfassend sagen, was du durch dieses Interview bzw. Tommys Antworten gelernt hast. Beende das Interview mit **Dank** für die Zeit, die er sich genommen hat, und einer **Verabschiedung**.*

Einleitung:

Tommy Collard führt Touristengruppen durch die Namibwüste. Obwohl die Namib zu den trockensten Wüsten der Welt zählt, leben dort zahlreiche Tierarten. Einige davon zeigt Herr Collard den Touristen während seiner etwa fünfstündigen Wüstentour mit dem Landrover. Dabei lernen die Touristen Tiere kennen, die sich auf erstaunliche Art der extremen Umgebung angepasst haben. Tommy Collard ist jetzt in Deutschland. Er folgte einer Einladung des Vereines der Freunde Afrikas und macht eine Vortragsreise durch mehrere Städte. Heute ist er in Offenbach und wir hatten Gelegenheit, mit ihm zu sprechen.

MAULWURF: Guten Tag, Herr Collard, wir sind von der Schülerzeitung „Maulwurf". Danke, dass Sie sich die Zeit nehmen, uns einige Fragen zu beantworten.

TOMMY: Das mache ich gern, aber sagt doch bitte „Tommy" zu mir.

MAULWURF: Gern, Tommy. Sie bieten Landrovertouren durch die Namibwüste für Touristen an. Wie kamen Sie auf diese Idee?

TOMMY: Ich liebe die Wüste, ab 30 Grad geht es mir erst so richtig gut. Ich bin in Swakopmund geboren, das liegt am Rand der Namibwüste und seit ich denken kann, habe ich selbst Touren unternommen und viele Entdeckungen gemacht. Irgendwann habe ich gedacht, dass auch andere Menschen begeistert wären, wenn sie einen Käfer beim Kopfstand oder eine Eidechse beim Thermaltanz sehen könnten. Ich möchte den Touristen auch zeigen, wie man die Wüste erkunden kann, ohne der Natur zu schaden. Und so habe ich ein kleines Reisebüro eröffnet.

MAULWURF: Das müssen sie uns erklären. Wieso macht der Käfer Kopfstand? Und was ist ein Thermaltanz?

TOMMY: Die Natur ist sehr einfallsreich. Der Käfer benötigt Flüssigkeit. Flüssigkeit kommt in der Namib zu großen Teilen aus dem Nebel. Um sie aus dem Morgennebel aufzunehmen, stellt der Käfer sich auf der Sanddüne kopfüber auf. Der Nebel kondensiert auf seinem Rücken und das Wasser rinnt zu den Fresswerkzeugen. Auf diese Art nimmt er bis zu 40 Prozent seines Körpergewichtes an Flüssigkeit auf. Der Käfer wiederum wird von anderen Tieren gefressen und liefert damit ihnen Flüssigkeit.

MAULWURF: Genial! Und der Thermaltanz?

TOMMY: „Therm" ist griechisch und bedeutet „warm". Beim Thermaltanz hält die sandtauchende Eidechse immer jeweils zwei Beine weg vom heißen Wüstensand in die Luft. So reguliert sie ihre Körpertemperatur. Sie ist übrigens recht bissig. Hier, ich zeige euch ein Foto, da hängt sie an meinem Ohrläppchen.

MAULWURF: *(Schüler lachen)* Dürfen wir das Foto veröffentlichen?

TOMMY: Klar. Habt ihr noch Fragen?

MAULWURF: Gibt es auch gefährliche Tiere in der Namibwüste?

TOMMY: Natürlich, es gibt verschiedene Schlangenarten, Spinnen und Skorpione. Aber eigentlich ist der Mensch das gefährlichste Tier in der Wüste.

MAULWURF: Wieso?

TOMMY: Schon durch die Besuche meiner Gruppen werden die Tiere gestresst. Aber ich bleibe auf den vorgegebenen Routen und ich würde zum Beispiel nie in einem Busch herumstochern und die Tiere stören. Es gibt aber Gruppen und einzelne Touristen, die fahren mit ihren Quads überall herum. Besonders aus Südafrika kommen Quadfahrer, die fahren zu Hunderten mit ihren Maschinen unkontrolliert durch die Gegend, mit bis zu 60 Stundenkilometern. Dabei sehen sie gar nichts, aber sie gefährden viele Tierarten. Immer wieder finde ich dann viele tote Chamäleons. Auch die seltene Damara-Seeschwalbe ist gefährdet, denn sie hat ihre Nistplätze hier.

MAULWURF: Jetzt verstehen wir, warum die Menschen auch in der Namibwüste eine Gefahr für die Natur sind. Vielen Dank, Tommy, für die interessanten Auskünfte.

TOMMY: Gern geschehen. Und einen herzlichen Gruß an eure Leser.

D 2009-12

b) Ein Bewerbungsschreiben formulieren

Ein Bewerbungsschreiben ist ein ***formeller Brief****. Du musst eine passende* ***Anrede*** *(„Sehr geehrte Damen und Herren") und* ***Schlussformel*** *(„Mit freundlichen Grüßen") verwenden.*

Die Aufgabe fordert, dass sich eure Klasse bewirbt, also musst du in der ***Wir-Form*** *schreiben. Wenn du die Jury ansprichst, musst du die* ***höfliche Anrede „Sie"*** *benutzen. Achte dabei auf die* ***Großschreibung*** *von „Sie", „Ihnen" und „Ihren". Du schreibst an Erwachsene, die du nicht kennst; vermeide also Jugendsprache und umgangssprachliche Ausdrücke.*

Bevor du mit dem Bewerbungsschreiben beginnst, solltest du Argumente sammeln, die die Jury davon überzeugen können, dass gerade deine Klasse unbedingt an diesem Wettbewerb teilnehmen soll. Notiere die Argumente zunächst ***stichwortartig****.*

Folgende Fragen können dir beim Sammeln von Argumenten helfen:

- *Was hat unser Interesse am Wettbewerb geweckt?*
- *Warum interessieren wir uns für die Wüste Namib?*
- *Welche Vorkenntnisse haben wir?*
- *Was haben wir schon geleistet?*
- *Warum wollen wir in die Namib reisen?*

Beende das Bewerbungsschreiben, indem du eure Hoffnung auf eine positive Antwort formulierst und dann eine übliche Schlussformel verwendest.

Sehr geehrte Damen und Herren,

im Biologieunterricht haben wir uns mit verschiedenen extremen Lebensräumen befasst. Besonders lange haben wir uns mit dem Thema „Überlebensstrategien verschiedener Tierarten in der Wüste" beschäftigt. In diesem Zusammenhang hat uns unser Lehrer auf den Wettbewerb „Die Wüste soll leben" aufmerksam gemacht.

Wir würden sehr gerne an diesem Wettbewerb teilnehmen, denn wir finden das Leben in der Wüste ausgesprochen faszinierend. Am interessantesten fanden wir, wie verschiedene Tierarten mit den Problemen „Trockenheit" und „Hitze" umgehen. Dass viele Tiere sich vergraben, weil es unter der Oberfläche nicht so heiß ist, ist wahrscheinlich ziemlich bekannt. Aber niemand in unserer Klasse hat gewusst, dass es einen Käfer gibt, der jeden Morgen Kopfstand im Sand macht. Das tut er, damit der Morgennebel auf seinem Rücken kondensiert und als Wasser zu seinen Fresswerkzeugen läuft. Er nimmt bis zu 40 Prozent seines Körpergewichts an Wasser auf und erhält so sich selbst am Leben, aber auch andere Tiere in der Nahrungskette, die ihn fressen und so ihre Feuchtigkeitsaufnahme regeln. Ein anderes Tier, die sandtauchende Eidechse, ist bekannt für ihren Thermaltanz. Dabei streckt sie

immer jeweils zwei Beine in die Luft und hält sie so vom heißen Wüstensand fern. Auf diese Weise reguliert sie ihre Körpertemperatur.
Das sind nur zwei von zahlreichen Tierarten, die sich alle auf unterschiedliche Art in dieser extremen Trockenheit und Hitze eingerichtet haben. Manche leben in Büschen, die fast wie kleine Städte sind, so dicht sind sie von den verschiedensten Lebewesen bevölkert.
Wir würden einige dieser Tierarten gerne selber kennenlernen und hoffen auf eine Chance, den Hauptpreis, das heißt die Teilnahme am Wüstencamp, zu gewinnen.
Um Ihnen zu zeigen, wie viel wir uns schon mit dem Thema beschäftigt haben, schicken wir unsere Kunstmappe mit, in der Sie von unserer Klasse angefertigte farbige Bilder von zahlreichen Tieren der Namib finden.

In der Hoffnung auf eine positive Antwort und mit freundlichen Grüßen

Ihre 9c

Lösungen zum Text „Die Chance" von Peter Grosz

1. *Wenn du dir über die Bedeutung des Wortes nicht sicher bist, schlage es im* ***Wörterbuch*** *nach. Falls die Bedeutung nicht genannt wird, überlege dir, welches Wort am besten* ***in den Textzusammenhang*** *passt.*

   a) ☒ heimlich

   b) ☒ sich in die Luft erheben

2. *Benutze auch hier das* ***Wörterbuch****, falls du die Bedeutung der Wörter nicht kennst. Denk aber daran, genau zu prüfen, welches der dort aufgeführten Wörter* ***in den Textzusammenhang*** *passt.*

   a) Ganz schön unwohl/unbehaglich/komisch ist ihm dabei […].

   b) Dann ist die Handlung/Maßnahme/Sache/Angelegenheit beendet.

3. *Mach dir zuerst den* ***Sinn*** *der Sätze a–d klar.* ***Lies*** *dann noch einmal den Text genau durch und* ***unterstreiche*** *die Sätze im Text, die den Sinn der Sätze a–d am besten wiedergeben.* ***Vergleiche*** *erst die Sätze miteinander und schreibe dann die Lösungen auf. Achte darauf, nur* ***genau einen Satz*** *zu schreiben, und vergiss die* ***Zeilenangabe*** *nicht, sonst werden dir Punkte abgezogen.*

   a) Anscheinend hat das keiner bemerkt (Z. 35).

   b) Vor seinen Augen tanzen lauter bunte Bilder und er hat Mühe, sie in eine Reihe zu kriegen (Z. 51/52).

   c) Alle huschen auf ihre Plätze und warten gespannt, wie das ausgeht (Z. 120–122).

   d) Die letzte Stunde hat noch nicht begonnen, als der Schröder plötzlich im Raum steht und strahlt (Z. 137–139).

4. *Zur Beantwortung der Frage musst du wieder* ***genau lesen****.* ***Markiere*** *die Stellen, die dir bei der Beantwortung helfen, in einer neuen Farbe.* ***Vergleiche*** *dann die Lösungen mit den Textstellen und kreuze die richtigen Antworten an.*

   a) ☒ Er ist rund wie eine Pille.

   b) ☒ Er ist verzweifelt und muss seine Tränen unterdrücken.

5. *Hier ist verlangt, dass du in* ***ganzen Sätzen*** *antwortest, d. h., Stichpunkte genügen nicht. Außerdem sollst du den Inhalt* ***mit eigenen Worten*** *wiedergeben, du darfst also nicht Stellen aus dem Text abschreiben.*
Zu a: *Lies im Text nach, wann Edgar und Herr Schröder aufeinandertreffen. Beschreibe, wie sich Herr Schröder in diesen Situationen verhält.*
Zu b: *Diese Frage ist nicht eindeutig im Text erklärt, du musst sie aus dem gesamten* ***Textzusammenhang erschließen****. Suche im Text die Stellen, an denen seine Klassenkameraden ihre Meinung über Edgar äußern und* ***markiere*** *sie. Versetze dich in Edgars Lage: Wie würdest du dich an seiner Stelle fühlen?*

a) *Mögliche Lösungen:*
   - Herr Schröder schweigt zur „Cola-Attacke", er schaut Edgar nur an und geht.
   - Er nimmt Edgars Problem ernst und spricht mit der Klasse.
   - Er stellt sich beim Diebstahl des Taschenrechners auf Edgars Seite und nimmt ihn in Schutz.
   - Er beruhigt Edgar, als dieser verzweifelt ist.
   - Er lobt seine Ehrlichkeit.

b) *Mögliche Lösungen:*
   - Edgar ist ein Außenseiter in der Klasse (vgl. Z. 4–9).
   - Er wird von Ralph beleidigt: „Mann, bist du bescheuert!" (Z. 4/5).
   - Er wird aufgrund seiner schlechten Noten mitleidig belächelt (vgl. Z. 6–9).
   - Er wird seit seinem ersten Schultag von seinen Mitschülern abwertend „Pille" genannt (vgl. Z. 10–16).
   - Ein Mitschüler hat ihm den Taschenrechner weggenommen (vgl. Z. 80/81 und Z. 93–95).
   - Ralph zieht Edgar auf, als dieser seinen Taschenrechner vermisst: „Hat er bestimmt weggemampft, hat gedacht, das is'n Pausenbrot!" (Z. 83/84).
   - Die Klasse lacht über Ralphs Witz. Damit spotten die Mitschüler auch über Edgar (vgl. Z. 85).

6. *Achte darauf, die Stellen im Text nicht abzuschreiben, sondern sie mit deinen* ***eigenen Worten*** *und in* ***ganzen Sätzen*** *wiederzugeben.*
In ***Aufgabe a*** *musst du drei Stellen suchen, an denen Edgar an ein Raumschiff denkt. Im Text stehen mehr als drei Beispiele, entscheide dich für diejenigen, die du am geeignetsten hältst.*
Folglich gibt es auch für ***Aufgabe b*** *mehr als drei Beispiele, die zeigen, welche Bedeutung das Raumschiff für ihn hat. Wähle auch hier die drei aussagekräftigsten aus. Wie kann man Edgars Gefühle in diesen Momenten beschreiben?*
Für ***Aufgabe c*** *musst du drei Beispiele finden, wie und wann sich für Edgar*

oder eine andere Person in der Geschichte eine Chance bietet. Was bedeutet das Wort Chance? Wenn du dir unsicher bist, schlage es im ***Wörterbuch*** *nach. Beschreibe dann, welche Chancen Edgar und die anderen Personen der Geschichte haben und ob sie sie wahrnehmen.*

a) *Mögliche Lösungen:*
   - Als Edgar feststellt, wie viel Geld sich in der Brieftasche befindet, plant er, sich ein Raumschiff aus Gold zu bauen, um mit Sonja aus dem Alltag zu fliehen.
   - Als er den Umschlag mit der Brieftasche abgegeben hat, fühlt er sich beschwingt und frei und findet das fast so schön wie Fliegen.
   - Als Herr Schröder von dem ehrlichen Finder erzählt und sich bedankt, rauscht es in Edgars Ohren wie das Summen eines Raumschiffes.
   - Nach der letzten Stunde, als Sonja ihn anspricht, bekommt Edgar feuchte Hände und er fühlt sich so, als ob sein Raumschiff tatsächlich abhebe.

b) *Mögliche Lösungen:*
   - Edgar möchte (mit seinem Raumschiff) aus dem Alltag fliehen, er möchte seine Noten und den Ärger mit Ralph vergessen.
   - Das Fliegen steht für Freiheit/Abheben in die Lüfte/sorgenfrei sein.
   - Er träumt davon, Sonja in seinem Raumschiff mitzunehmen./Er träumt von einer Freundschaft mit Sonja.
   - Positive Gefühle (Stolz, Erleichterung, Freude) verknüpft er immer mit dem Gedanken an sein Raumschiff.

c) *Mögliche Lösungen:*
   - Edgar hat die Chance, die Brieftasche sofort an Herrn Schröder zurückzugeben oder sich mit dem Inhalt der Brieftasche seine geheimsten Wünsche zu erfüllen.
   - Herr Schröder hat den Schülern die Chance gegeben, den gestohlenen Taschenrechner anonym wieder zurückzugeben.
   - Der Dieb hat die Chance, den Taschenrechner zurückzugeben, wahrgenommen.
   - Zu Beginn des Textes will Edgar mit dem gefundenen Geld seine Träume verwirklichen. Erst durch die Unterstützung, die er durch Herrn Schröder erfährt, und durch seine eigene Erfahrung, wie man sich als Bestohlener fühlt, kann er der Versuchung widerstehen. Danach fühlt er sich befreit und glücklich. Er hat die Chance, ehrlich zu sein, genutzt.

Wahlaufgabe

7. a) Einen persönlichen Brief schreiben

*Bei einem persönlichen Brief musst du bestimmte **formale** und **inhaltliche Merkmale** berücksichtigen:*

- *Mach dir bewusst, **wer an wen** aus welchem **Anlass** schreibt.*
- *Denke daran, die äußere Form des Briefs einzuhalten: Ort, Datum, persönliche Anrede („Liebe/Lieber ...“), Grußformel („Liebe Grüße“) und Unterschrift.*
- *Die persönlichen Anredepronomen kannst du in einem Brief entweder einheitlich klein- oder großschreiben: also entweder du, dein, ihr, euer usw. oder Du, Dein, Ihr, Euer usw.*
- *Da du an einen Freund/eine Freundin schreibst, solltest du diese Person öfter direkt anreden, damit sie sich angesprochen fühlt („Rate mal, was heute passiert ist ...“).*

*Die Aufgabe gibt vor, dass du dich mit Edgars **Konflikt auseinandersetzen** sollst. Dafür musst du deinem Briefpartner erst von der Situation am Vormittag erzählen und sie dann bewerten. Nimm den Text als Grundlage, aber bringe auch **eigene Ideen** mit ein:*

- *Gehe auf Edgars Gefühle ein und beschreibe, was er denkt.*
- *Erkläre, warum er die Brieftasche erst behalten und warum er sie dann zurückgegeben hat.*
- *Entscheide, ob dein Briefpartner schon etwas über Edgars Stellung in der Klasse weiß. Wenn der Freund/die Freundin noch nicht darüber informiert ist, solltest du auch auf Edgars Außenseiterrolle eingehen.*

Offenbach, den 5.5.2010

Lieber Jonas,

ich finde es immer noch sehr schade, dass du nicht mehr an unserer Schule bist. Besonders heute Morgen hätte ich dich gebraucht. Deshalb schreibe ich dir, denn ich muss los werden, was heute passiert ist.

Alles begann damit, dass Ralph mich wieder geärgert hat. Die Sechs, die mir unser Lehrer Schröder reingewürgt hat, war schon schlimm genug. Aber dann hat Ralph, dieser blöde Angeber, auch noch gesagt, dass die Arbeit superleicht gewesen sei. Das hat mich völlig fertig gemacht. Aus Frust habe ich auf dem Pausenhof gegen eine Cola-Dose gekickt, die dummerweise dem Schröder direkt ans Schienbein geflogen ist. Weißt du noch, wie streng er immer ist? Aber er war gut drauf und hat nicht gemeckert. Allerdings ist ihm seine Jacke heruntergefallen, als er sich das Bein massiert hat, und dabei ist seine Brieftasche herausgefallen. Ich war der Einzige, der das gemerkt hat, und habe sie ohne nachzudenken eingesteckt. Beim Nachsehen auf der Toi-

lette habe ich gemerkt, dass richtig viel Geld darin war, und habe beschlossen, das Portmonee zu behalten. Ich dachte an all die Sachen, die ich mir kaufen könnte, und an Sonja, die mich dann vielleicht beachten würde.
Aber ich hatte auch Angst, dass es vielleicht doch jemand gesehen hatte. Mir war überhaupt nicht wohl mit der Brieftasche unter dem Pullover. Nach der Pause hatten wir Mathe bei Schröder. Er war kaum am Pult, da kommandierte er schon: „Taschenrechner raus!" Ich konnte meinen aber nicht finden. Jemand musste ihn aus der Tasche genommen haben, denn zuvor in Physik war er noch da. Ralph hat natürlich wieder eine blöde Bemerkung gemacht, aber Schröder war total korrekt. Er hat der Klasse gesagt, dass er es schon lange nicht in Ordnung finde, wie sie mich ärgern. Jetzt seien sie zu weit gegangen, weil das Diebstahl sei. Dann hat er dem Spaßvogel noch eine Chance gegeben: Alle mussten raus vor die Tür und dann einzeln für 60 Sekunden wieder ins Klassenzimmer. Dabei sollte der Dieb den Rechner zurück in meinen Ranzen legen. Während wir draußen gewartet haben, war Schröder richtig nett zu mir und meinte, dass bestimmt alles wieder in Ordnung komme. Und tatsächlich, nach der Aktion war der Rechner wieder da. Ich war so froh, dass ich richtig gut mitarbeiten konnte.
Rate mal, was ich dann gemacht habe? Nach der Stunde habe ich die Brieftasche in einen Umschlag gesteckt und einem anderen Lehrer gegeben, damit er ihn in Schröders Fach legt. Mir war völlig egal, wie viel Geld ich dabei verliere. Ich wusste einfach, dass es richtig ist. Schröder hatte sich so anständig verhalten, da konnte ich ihn nicht ausnutzen. Ich bin mir wie ein Dieb vorgekommen und eigentlich war ich ja auch einer …
Kurz vor der letzten Stunde ist Schröder nochmal in die Klasse gekommen. Er bedankte sich und sagte, dass es ehrlich und selbstlos sei, die Brieftasche zurückzugeben. Schröder hat niemanden direkt angesprochen, aber der andere Lehrer hat ihm bestimmt gesagt, dass ich sie abgegeben habe.
Als er dann noch sagte, dass das nicht jeder gemacht hätte, ging es mir sehr, sehr gut, weil ich wusste, dass ich die richtige Entscheidung getroffen hatte. Ralph fand das wohl nicht, denn nach der Stunde meinte er, dass jemand, der sich so viel Geld durch die Lappen gehen lasse, ein Blödmann sei. Stell dir vor, da hat Sonja „Blöder Angeber" zu ihm gesagt! Dann kam sie zur mir und hat gefragt, ob wir ein Stück zusammen gehen.
Was meinst du? Kannst du verstehen, warum ich das Portmonee überhaupt genommen habe? Ich weiß eigentlich gar nicht mehr, wie ich das tun konnte. Ich musste es einfach zurückgeben. Das findest du sicher auch!
Besuch mich doch mal wieder und schreib mir,

dein Edgar

b) Eine Stellungnahme schreiben

Bei einer Stellungnahme sollst du dich mit einer bestimmten Frage auseinandersetzen. Dazu nennst du Argumente, die dem Leser erklären, welche Meinung du selbst vertrittst. Orientiere dich an folgendem Aufbau:

- *Schreibe eine Einleitung, in der du dich entweder auf den gelesenen Text oder auf ein eigenes Erlebnis zum Thema „Diebstahl" beziehst. Wenn es möglich ist, kannst du beides auch verbinden.*
- *Setze dich mit dem Begriff „Diebstahl" auseinander: Was ist Diebstahl und welche Voraussetzungen müssen dafür erfüllt sein? Begründe deine Aussagen mit Beispielen, entweder aus dem Text oder aus deiner eigenen Erfahrung.*
- *Entscheide dich am Schluss, ob Edgar für dich ein Dieb ist oder nicht, und begründe deine Entscheidung. Bewerte sein Verhalten im Vergleich zu den Beispielen, die du bereits genannt hast.*

Ist Edgar ein Dieb?

In unserer Klasse sind in letzter Zeit immer wieder Sachen verschwunden. Die meisten davon wurden zurückgegeben oder irgendwo hingelegt, wo sie dann gefunden wurden. Das sollte ein „Scherz" sein oder jemand sollte „ein bisschen geärgert" werden. Manche Dinge blieben allerdings auch verschwunden. Deshalb hat unsere Deutschlehrerin den Text „Die Chance" mit uns gelesen. In diesem Text geht es um zwei Fälle, in denen etwas weggenommen und dann wieder zurückgegeben wurde.

Im ersten Fall wurde der Hauptfigur Edgar der Taschenrechner aus seinem Ranzen genommen, um ihn zu ärgern. Sein Lehrer hat dem Dieb die Chance gegeben, den Rechner anonym zurückzugeben, und Edgar damit sehr geholfen.

Im zweiten Fall hat Edgar das Portmonee dieses Lehrers gefunden und zunächst vorgehabt, es zu behalten. Nachdem sein Lehrer ihn aber unterstützt hat, hat er es zurückgegeben. Allerdings hat er verschwiegen, dass er es ursprünglich behalten wollte.

Was genau ist also Diebstahl? Diebstahl ist, sich etwas zu nehmen, was jemand anderem gehört.

Das hat der Schüler gemacht, der Edgars Taschenrechner genommen hat. Es sollte zwar ein Scherz sein, bei dem der Rechner irgendwann wieder aufgetaucht wäre. Aber der Schüler hat den Rechner wissentlich und mit Absicht genommen. Das ist eindeutig Diebstahl.

Edgar hat den Diebstahl der Brieftasche seines Lehrers nicht geplant. Er hat sie gefunden. Ist es deshalb kein Diebstahl? Man muss klären, wie es sich mit gefundenen Sachen verhält.

Edgar wusste sofort, dass die gefundene Brieftasche Schröder gehörte, also hätte er sie zurückgeben müssen. Das heißt, er hat kein klares Verhältnis zu fremdem Eigentum. Wenn ich etwas finde, dessen Besitzer ich ermitteln kann, wie z. B. ein Handy, muss ich versuchen, den Eigentümer zu finden und das Fundstück zurückgeben.
Ich habe einmal einen Cityroller am Bach gefunden. Eigentlich hatte ich mir schon lange einen gewünscht. Aber meine Mutter wollte, dass wir ihn zur Polizei bringen. Der Polizist dort hat mir erklärt, dass man Fundsachen abgeben muss, weil man sonst eine Straftat begeht, nämlich „Fundunterschlagung". Ein halbes Jahr später konnten wir den Roller im Fundbüro abholen, weil ihn niemand als verloren oder gestohlen gemeldet hatte.
Edgar hat also auf jeden Fall falsch gehandelt, auch im Sinne des Gesetzes. Dass er das selbst wusste, zeigt sich auch daran, wie unwohl er sich mit der Brieftasche gefühlt hat. Sein Gewissen hat sich gemeldet. Aber er hat noch die Kurve bekommen, und ich glaube, beim nächsten Mal weiß er sofort, wie er sich verhalten muss. Insofern hat er seine „Chance" genutzt.
Meiner Meinung nach muss man selbst ganz klar wissen: Was mir nicht gehört, darf ich nicht nehmen und behalten. Wenn ich etwas finde, suche ich den Besitzer oder bringe es zur Polizei oder einer anderen geeigneten Stelle (Hausmeister, Sekretariat). Dann werde ich nicht von meinem schlechten Gewissen geplagt und fühle mich gut.

Abschlussprüfung an Hauptschulen in Hessen 2010
Deutsch – Text 2

Lösungen zum Text „Käpt'n Iglo auf Ökokurs" von Michael Netzhammer

1. *Schlage im* ***Wörterbuch*** *nach, wenn du dir über die Bedeutung des Wortes nicht sicher bist. Prüfe, welches Wort am besten* ***in den Textzusammenhang*** *passt.*

a) ☒ schnell

b) ☒ regulieren

2. *Schlage auch hier im* ***Wörterbuch*** *nach. Überlege genau, welches der dort aufgeführten Wörter* ***in den Textzusammenhang*** *passt. Hier findest du mehrere Lösungsvorschläge.*

a) Dort sind viele Vorgaben/Regeln/Gebote/Normen/Vorschriften verwirklicht, die Fisch-Experten für notwendig halten.

b) Weil dies allerdings noch die Ausnahme ist, könnten internationale Meeresschutzgebiete […] garantieren/sicherstellen, dass sich erschöpfte Bestände erholen können.

3. ***Lies*** *den Text konzentriert durch und* ***unterstreiche*** *die Sätze im Text, die den Sinn der Sätze a–d am besten wiedergeben.* ***Vergleiche*** *dann die unterstrichenen Sätze mit den vorgegebenen Sätzen und überprüfe, ob sie wirklich dasselbe aussagen. Schreibe dann die Lösungen auf. Formuliere* ***genau einen Satz*** *und vergiss die* ***Zeilenangabe*** *nicht, sonst gibt es Punktabzug.*

a) Für das beliebteste Firmenprodukt, die Fischstäbchen, verwendet Iglo inzwischen sogar zu 100 Prozent zertifizierten Seelachs (Z. 14–17).

b) Für eine Tonne Seezunge etwa werden bis zu elf Tonnen Beifang getötet (Z. 42/43).

c) Die Gewässer der Europäischen Union sind in einem katastrophal überfischten Zustand (Z. 59–61).

d) Die rasant steigende Nachfrage macht zertifizierten Fisch immer teurer (Z. 144–146).

4. *Auch hier musst du den Text* ***genau lesen***. ***Unterstreiche*** *im Text die Stellen, die dir bei der Beantwortung helfen, und* ***vergleiche*** *dann die Lösungen mit den markierten Stellen. Kreuze dann die richtigen Antworten an.*

a) ☒ So wird vermieden, dass Seevögel an den Köderhaken sterben.

b) Die Vorschriften des MSC sind Voraussetzung dafür, dass …
☒ wir auch in Zukunft noch Fisch essen können.

5. *Bei dieser Aufgabe musst du darauf achten, deine Antworten in **ganzen Sätzen** zu formulieren, du sollst keine Stichworte aufschreiben. Es ist auch nicht zulässig, dass du die passenden Textstellen einfach abschreibst, denn du sollst den Inhalt **mit eigenen Worten** wiedergeben.*
*In **Aufgabe a** sollst du einen **Begriff erklären**. Suche die passende Textstelle und finde Beispiele, die den Begriff beschreiben. Formuliere dann deine Erklärung.*
*Die Antwort zu **Aufgabe b** soll die **Folgen einer Handlung** beschreiben. Lies nach, welche verschiedenen Fangquoten im Text beschrieben werden und welche Folgen sie im jeweiligen Gebiet haben. Ist die Fangquote in der EU eine sinnvolle Regelung?*
*In **Aufgabe c** sollst du ein **Sprachbild erklären**. Sprachbilder werden verwendet, um etwas anschaulich zu machen. Für Rehe ist ihr Lebensraum der Wald. Wenn dieser zerstört wird, können sowohl Rehe als auch andere Waldbewohner dort nicht mehr leben. Übertrage diese Situationen nun auf die im Meer lebenden Tiere.*

a) Als Beifang werden Fische und Meerestiere bezeichnet, die beim Fischen mit Treibnetzen zwangsläufig mitgefangen werden. Dies sind z. B. Fische, die nicht zum Verzehr geeignet sind, kleine Fische, aber auch Schildkröten, Haie, Seevögel, Robben, Delfine oder Wale. Sie werden schwer verletzt oder tot zurück ins Meer geworfen.

b) Um so schnell wie möglich viele Fische einer Art fangen zu können, bevor die Fangquote dieser Fischart erreicht ist, werden rabiate Methoden eingesetzt. Dadurch entsteht deutlich mehr Beifang.

c) Wer, statt einzelne Rehe zu schießen, einen ganzen Wald niederwalzt, um alle Rehe auf einmal zu erbeuten, handelt unverhältnismäßig. Er zerstört damit den Lebensraum der Rehe und anderer Waldbewohner. Genauso verhalten sich viele Fischer. Da an der Wasseroberfläche nicht mehr viel Beute zu machen ist, beschweren einige Fischer ihre riesigen Schleppnetze mit Gewichten und ziehen sie über den Meeresboden, um auch noch den letzten Fisch zu fangen. Dabei nehmen sie in Kauf, dass riesige Flächen des Meeresbodens zerstört werden und dort nie wieder Fische gefangen werden können.

6. *Achte darauf, die Stellen im Text nicht abzuschreiben, sondern sie mit deinen* ***eigenen Worten*** *und in* ***ganzen Sätzen*** *wiederzugeben.*
Zu a: *Wenn etwas verboten wird, geschieht das meist, um etwas oder jemanden zu schützen. Welche negativen Folgen hat das Fischen mit Treibnetzen und wer soll durch das Verbot geschützt werden?*
Zu b: *Es gibt im Text mehrere Beispiele, die zur Beantwortung der Frage geeignet sind. Wähle daraus die sechs Aspekte aus, die du für passend hältst. Markiere die Stellen und beschreibe sie mit eigenen Worten.*
Zu c: *Fischereien müssen wie alle Firmen so arbeiten, dass sie Gewinn machen, sonst gehen sie bankrott. Sie brauchen also zwei Dinge: Fische, die sie fangen können, und Geld, das sie über den Verkauf der Fische verdienen. Worin liegt also der Vorteil, die strengen Vorschriften zu erfüllen?*

a) Die UN und die EU wollen verhindern, dass beim Fischen zu viele andere Tiere unabsichtlich mitgefangen werden. In den Treibnetzen verfangen sich jährlich Hunderttausende Robben, Delfine, Meeresschildkröten und Wale. Diese Tiere haben keine Überlebenschancen, denn aus den großen Treibnetzen gibt es für sie kein Entkommen. Dieser unerwünschte Beifang wird von den Fischern oft tot oder schwer verletzt wieder ins Meer geworfen. Mit dem Verbot von Treibnetzen wollen die UN und die EU dem unnötigen Sterben der Meeresbewohner Einhalt gebieten.

b) *Mögliche Lösungen:*
- Die Fangquote ist so festgelegt, dass sich der Fischbestand gut erholen kann. Sie liegt 25 % unter der von Meeresbiologen ermittelten Grenze.
- Jedes einzelne Schiff unterliegt einer Fangquote.
- Es gibt eine Richtlinie darüber, wie viel Beifang in einem Fanggebiet erlaubt ist. Ist diese Menge überschritten, wird das betroffene Gebiet für das Fischen gesperrt.
- Die Fanggeräte sind so eingestellt, dass zu kleine Fische nicht im Netz hängen bleiben.
- Unabhängige Kontrolleure überwachen die Einhaltung der Kriterien.
- Es werden nur frei schwebende Schleppnetze verwendet, damit der Meeresboden nicht geschädigt wird.
- Langleinen werden nur noch nachts und mit schnell sinkenden Haken für die Köder verwendet.

c) Wenn die Überfischung weiter so betrieben wird, wird man bald gar keinen Fisch mehr anbieten können. Immer mehr Handelsunternehmen und Kunden verlangen zertifizierten Fisch. Da die Nachfrage steigt, können die Fischereien auch einen höheren Preis verlangen.

Wahlaufgabe

7. a) Ein Interview führen

*Die äußere Form des Interviews besteht aus Fragen und Antworten. Achte dabei auf folgende **formale** und **inhaltliche Punkte:***

- *Begrüße zu Beginn deinen Gesprächspartner und stelle dich selbst in einer kurzen Einleitung vor.*
- *Achte auf den **Adressatenbezug:** Für welche Leserschaft schreibst du? Stelle deine Fragen so, dass sie für deine Leser interessant und verständlich sind.*
- *Beziehe dich in deinem Interview auf die **Informationen aus dem Text**. Gliedere die Angaben zur Überfischung in Ursachen, Folgen und Lösungsansätze und baue nach dieser Gliederung dein Interview auf.*
- *Beachte, dass **Fragen** und **Antworten zusammenpassen** sollen. Beziehe dich in deinen Fragen auf die Antworten des Interviewpartners, indem du nachfragst oder etwas genauer wissen willst.*
- *Deine Klasse beschäftigt sich bereits mit dem Schutz der Meere, doch die anderen Leser der Schülerzeitung benötigen Informationen, um das Thema nachvollziehen zu können. Du kannst daher den Experten bitten, bestimmte **Sachverhalte** oder **Begriffe zu erklären**.*
- *Am Schluss kannst du noch einmal **zusammenfassen**, was du aus diesem Interview gelernt hast. Beende dein Interview, indem du dich von deinem Interviewpartner verabschiedest. Am besten bedankst du dich für die Zeit, die er sich für dich genommen hat.*

Interview „Schutz der Meere – nachhaltiger Fischfang" in der Offenbacher Schülerzeitung „Maulwurf"

MAULWURF: Guten Tag, Herr Hansen. Vielen Dank, dass Sie Zeit für ein Interview mit unserer Schülerzeitung „Maulwurf" gefunden haben. Die 9. Klassen unserer Schule beschäftigen sich zurzeit mit dem Thema „Schutz der Meere – nachhaltiger Fischfang". Wir haben Sie angesprochen, weil sie als Leiter der Offenbacher Greenpeace-Gruppe viel von Natur- und Umweltschutz verstehen. Erzählen Sie doch bitte zuerst etwas über sich.

HANSEN: Ich heiße Jörg Hansen. Ursprünglich komme ich von Spiekeroog, das ist eine der Ostfriesischen Inseln. Ich bin aus beruflichen Gründen nach Offenbach gekommen und habe hier eine Greenpeace-Ortsgruppe gegründet.

MAULWURF: Können Sie für unsere Leser bitte erklären, was Greenpeace macht?

HANSEN: Greenpeace ist eine internationale Umweltschutzorganisation, die sich seit 1971 für den Erhalt einer gesunden Umwelt und den Artenschutz einsetzt. Dabei ist Überfischung eines unserer großen Themen.

MAULWURF: Dann kennen Sie sich sicher auch mit dem Schutz der Meere aus?

HANSEN: Das ist eines unserer wichtigsten Aktionsfelder. Wie ihr sicher wisst, nehmen die Meere etwa 70 % der Erdoberfläche ein. Sie sind ein bedeutender Lebensraum, der auch das Leben an Land stark beeinflusst.

MAULWURF: Wieso sind denn die Meere überhaupt gefährdet? Sie sind doch so riesig.

HANSEN: Das sind sie. Aber der Mensch ist mittlerweile fast überall auf der Suche nach Nahrung anzutreffen. Hierbei entsteht das Problem der Überfischung. Das heißt, es wird mehr Fisch aus den Meeren geholt als nachkommen kann. Dadurch werden die Bestände immer geringer – ganz abgesehen vom Artensterben durch Verschmutzung.

MAULWURF: Wie kann denn das passieren? Essen die Menschen wirklich so viel Fisch? Sollen wir keinen mehr kaufen?

HANSEN: Ihr dürft ruhig Fisch essen, ihr sollt das sogar, denn Fisch ist sehr gesund. Die Überfischung liegt hauptsächlich am Beifang.

MAULWURF: Können Sie das bitte genauer erklären?

HANSEN: Die großen Boote fischen mit Schleppnetzen. Solche Netze sind oft so groß, dass zehn Jumbojets hineinpassen würden. Und die fangen dann beispielsweise nicht nur den Seelachs, sondern auch andere Fische und viele weitere Tierarten. Manchmal besteht der Beifang aus zehnmal so vielen Fischen wie der eigentlich gewünschte Fang.

MAULWURF: Was passiert denn mit dem Fisch und dem Beifang?

HANSEN: Der gewünschte Fisch bleibt an Bord und wird dort meistens gleich weiterverarbeitet, z. B. tiefgefroren und verpackt. Die übrigen werden verletzt oder tot zurück ins Meer geworfen.

MAULWURF: Das muss doch verboten werden!

HANSEN: Ist es in den meisten Gegenden auch schon. Aber trotzdem haben wir von Greenpeace im Jahr 2006 über 400 Boote mit Treibnetzen gesichtet.

MAULWURF: Oh je, dann ist der Fischbestand ja wirklich gefährdet. Kann man nichts dagegen tun?

HANSEN: Doch. Erstens müssen die bestehenden Verbote endlich durchgesetzt werden. Dafür braucht man mehr Kontrollen. Außerdem kann man die Netze so einstellen, dass zu kleine Fische gar nicht erst hineinkommen. Durch diese Maßnahmen wurde in der Alaska-Seefischerei der Beifang bereits auf unter 5 % gesenkt. Die Fangquoten – also die Menge, die in einem Gebiet gefangen werden darf – müssen neu geregelt werden. Sie müssen für jedes einzelne Schiff gelten.

MAULWURF: Worauf kann ich als Käufer achten, um nachhaltigen Fischfang zu unterstützen?

HANSEN: Es gibt dafür ein Gütesiegel, nämlich das Logo MSC vom „Rat zur Bewahrung der Meere".

MAULWURF: Ist der Fisch dann nicht sehr teuer?

HANSEN: Es macht gar nicht so viel aus. Außerdem könnt ihr dafür auch in vielen Jahren noch gesunden Fisch essen.

MAULWURF: Vielleicht können wir ja unseren Schulleiter überzeugen, dass in unserer Schulkantine nur noch MSC-zertifizierter Fisch angeboten wird. Herr Hansen, vielen Dank für das Interview.

HANSEN: Danke für euer Interesse und viele Grüße an eure Leser.

b) Einen sachlichen Brief schreiben

*Bei einem sachlichen Brief musst du bestimmte **formale** und **inhaltliche Merkmale** berücksichtigen:*

- *Denke daran, die äußere Form des Briefs einzuhalten: Ort, Datum, formelle Anrede („Sehr geehrte/Sehr geehrter ..."), Grußformel („Mit freundlichen Grüßen") und Unterschrift. Außerdem brauchst du eine Betreffzeile, in der du kurz den Grund deines Briefes nennst.*
- *Formuliere in der Einleitung den Anlass deines Briefes.*
- *Bei der formellen Anrede schreibst du die Anredepronomen immer groß: Sie, Ihnen, Ihren usw.*
- *Da du an eure Schulleiterin/euren Schulleiter, also einen Erwachsenen, schreibst, solltest du Jugendsprache und umgangssprachliche Ausdrücke vermeiden.*
- *Überlege dir vor dem Verfassen des Briefes Argumente, warum es für die Schulleiterin/den Schulleiter von Vorteil wäre, nur noch Fisch mit dem MSC-Logo zu verkaufen. Der Ruf eurer Schule könnte dabei ein wichtiger Grund sein.*
- *Versuche auch, mögliche Gegenargumente der Schulleiterin/des Schulleiters zu entkräften.*
- *Suche dir Belegstellen im Text, die deine Meinung unterstützen. Besonders geeignet sind Aussagen von Experten, Umfrageergebnisse oder statistische Angaben. Erinnere dich auch daran, was du in der Schule über Umweltschutz gelernt hast.*

Offenbach, den 23.05.2010

Fisch ohne Ökosiegel in der Schulkantine

Sehr geehrter Herr Findeisen,

ebenso wie wir essen Sie täglich die leckeren Gerichte aus unserer Schulkantine „Schillermenu“. Aber wussten Sie, dass der Backfisch und die Fischstäbchen kein MSC-Logo haben? Das heißt, sie wurden nicht vom Marine Stewardship Council, dem „Rat zur Bewahrung der Meere“, zertifiziert. Das bedeutet wiederum, dass der Fisch höchstwahrscheinlich nicht aus nachhaltigem, umweltschonendem Fischfang kommt, sondern mit brutalen und zerstörerischen Methoden gefangen wurde. Das wissen wir, weil wir uns zurzeit im Projektunterricht mit Umweltschutz beschäftigen.

Der Fisch stammt wahrscheinlich aus Treibnetzfischerei. Für ein Kilo unseres Seelachses oder Kabeljaus werden bis zu elf Kilo Beifang gefangen und getötet. Dieser Beifang besteht aus kleinen Fischen, aber auch aus Delfinen, Meeresschildkröten und sogar Walen. Durch die Schleppnetze, die mit Gewichten beschwert sind, werden am Meeresgrund Korallenriffe und andere seltene Lebensräume zerstört. Die UN und die EU haben die Treibnetzfischerei verboten, trotzdem hat Greenpeace im Jahr 2006 über 400 Bote mit Treibnetzen gesichtet. In manchen Gegenden wird auch mit bis zu 100 Kilometer langen Kunststoffleinen gefischt. An diesen Leinen hängen Köder, auf die sich dann die Vögel stürzen. Dabei werden sie schwer verletzt und sterben meistens.

Durch diese Vorgehensweisen werden die Weltmeere völlig überfischt, sodass es bald schon nicht mehr genügend Fisch geben wird. Damit gerät das ökologische Gleichgewicht völlig durcheinander.

Es gibt jedoch Möglichkeiten, das zu verhindern. Erstens müssen die bestehenden Verbote endlich durchgesetzt werden. Dafür braucht man mehr Kontrollen. Außerdem kann man die Netze so einstellen, dass zu kleine Fische gar nicht erst hängenbleiben. Auch die Fangquoten – also die Menge, die in einem Gebiet gefangen werden darf – müssen neu geregelt werden. Sie müssen für jedes einzelne Schiff gelten. Und bei der Langleinenfischerei kann man nachts, wenn die Vögel nicht unterwegs sind, schnell sinkende Haken verwenden.

Fisch, der auf diese umweltverträgliche Art gefangen wurde, erhält das Siegel des MSC. Iglo-Fischstäbchen zum Beispiel haben dieses Siegel.

Wir finden, dass es nicht zusammenpasst, wenn wir uns im Unterricht mit Umweltschutz beschäftigen, uns aber in der Mittagspause, also im Alltagsleben, nicht an das Gelernte halten.

Natürlich wissen wir, dass Sie vor allem an uns denken, wenn Sie das Schulessen so preiswert wie möglich halten. Es ist nicht leicht, für 2,50 € eine komplette Mahlzeit mit Salat und Nachtisch anzubieten. Aber wir haben einmal nachgerechnet: Eine Packung mit 4 Portionen Backfisch mit MSC-Siegel kostet 0,20 € mehr als diejenige ohne Siegel. Das macht pro Fisch 0,05 €. Das ist doch sicherlich vertretbar. Für viele Eltern, die ihr Kind an einer Ganztagsschule wie unserer anmelden, ist es besonders wichtig, wie gut das Essen ist. Mit gesunden und umweltverträglichen Mahlzeiten können wir bestimmt punkten und unseren guten Ruf noch steigern.
Deshalb bitten wir Sie, mit den Leitern der Schulkantine über die Unterstützung von nachhaltigen Produkten zu sprechen. Auch wenn es nur ein kleiner Beitrag zum Umweltschutz ist – wenn viele so denken und handeln, können wir auch noch in 50 Jahren gesunden Fisch essen.

Mit freundlichen Grüßen
Ihre 9c

Lösungen zum Text „Ungutes Gefühl“ von Janine Binder

1. *Lies dir die genannten Textstellen genau durch. Finde durch Einsetzen der vorgegebenen Wörter heraus, welches **im Textzusammenhang einen Sinn ergibt**.*

a) ☒ seltsames

b) ☒ entsetzt

2. *Bei dieser Aufgabe musst du darauf achten, dass der Satz (**grammatikalisch**) **noch richtig** ist, nachdem du den unterstrichenen Ausdruck geändert hast.*
***Zu a:** Da hier das zweiteilige Verb „ausmalen“ – „malte aus“ unterstrichen ist, solltest du versuchen, ein ebenfalls zweiteiliges Verb zu finden, das die gleiche Bedeutung wie das unterstrichene Wort hat.*

a) Ich <u>stellte</u> mir schreckliche Situationen <u>vor</u>.

b) Wochen später bügele ich seine Hemden, als er gerade zum Nachtdienst <u>gehen</u>/<u>fortgehen</u>/<u>weggehen</u>/(<u>los</u>-)<u>fahren</u> will.

3. *Lies den Text konzentriert und **unterstreiche** die Sätze, die deiner Meinung nach den Sinn der Sätze a–d wiedergeben. **Vergleiche** dann die unterstrichenen Sätze mit den Sätzen a–d und **überprüfe**, ob tatsächlich der gesamte Satz Ähnliches ausdrückt. Schreibe die Sätze heraus. Denke an die **Zeilenangabe** und achte darauf, dass du genau **einen Satz** herausschreibst, sonst kann es Abzüge geben.*

a) Außerdem ist er groß und stark und kann sich gegen jeden verteidigen. (Zeile 34/35)

b) Zieht sich wortlos aus und steigt ins Bett. (Zeile 55/56)

c) Die Ränder sind angeschmolzen und leicht verbrannt. (Zeile 91/92)

d) Ich streiche über sein Hemd und fühle darunter die Weste. (Zeile 117/118)

4. ***Markiere** im Text die Stellen, die dir bei der Beantwortung der Fragen helfen (zu a: Zeile 74/75; zu b: Zeile 30–34,). **Vergleiche** anschließend die vorgeschlagenen Lösungen mit dem Text und kreuze dann **die jeweils richtige** Antwort an.*

a) ☒ Sie ist Polizistin und er ist Polizist.

b) ☒ Sie macht sich Sorgen um ihren Mann.

5. *In der Aufgabenstellung wird betont, dass du* ***in ganzen Sätzen*** *und* ***mit eigenen Worten*** *formulieren sollst. Du darfst also nicht nur Stichpunkte aufzählen und sollst auch nicht einfach Textstellen abschreiben. Zum Erreichen der vollen Punktzahl musst du bei jeder Teilaufgabe* ***mindestens drei*** *verschiedene* ***Aspekte*** *nennen. Du kannst diese Aspekte auch in einem einzigen Satz aufzählen.*

a) Er nimmt seine Tasche, gibt ihr einen Kuss auf die Stirn, geht in den Flur, sagt „Tschüss, Kleines", dreht sich noch einmal um und wirft ihr einen Kuss zu.

b) Er begrüßt sie nicht, sieht sie nicht an, zieht sich wortlos aus, legt sich ins Bett, küsst sie (damit sie nichts sagen kann) und klammert sich an sie.

c) Die Polizei wurde zu einer Ruhestörung gerufen. Die Polizisten standen vor der Tür, als zwei Schüsse durch die geschlossene Tür in der Wand einschlugen. Ein weiterer Schuss streifte den Mann an der Seite.

d) Sie ist fassungslos, ihr fehlen die Worte. Sie schaut immer wieder auf das Hemd.

6. ***Zu a:*** *Es wird in der Aufgabenstellung darauf hingewiesen, dass es* ***mehrere geeignete Textstellen*** *gibt, von denen du zwei auswählen sollst. Da die Geschichte aus der Sicht der Frau geschrieben ist, ist es leichter, ihre Empfindungen zu beschreiben. Wähle Textstellen aus, die du gut mit* ***eigenen Worten*** *wiedergeben kannst.*
Zu b: *Die Gefühle des Mannes werden* ***nicht direkt beschrieben****, daher musst du von seinen Handlungen auf seine Gedanken schließen. Überlege, wie die Frau sich immer fühlt, wenn er im Nachtdienst unterwegs ist. Was möchte er vermeiden? Vergleiche außerdem sein Verhalten vor und nach dieser Nacht:* ***Was hat sich für ihn geändert****? Formuliere in* ***ganzen Sätzen****.*

a) *Mögliche Lösungen:*
   - Die Frau hat eine Vorahnung und kann deswegen nicht einschlafen.
   - Die Frau sorgt sich, weil der Mann seine Schussweste vergessen hat.
   - Der Mann ist verstört, als er nach Hause kommt, will aber nicht darüber reden.
   - Die Frau entdeckt den Kratzer an ihm und ist unsicher, was passiert ist.
   - Als sie sein Hemd bügelt, sieht sie das Loch im Hemd und ist schockiert.
   - Sie ist fassungslos, als er ihr von dem Vorfall berichtet.
   - Als die Frau wieder zum Dienst geht, sorgt sich der Mann und bittet sie, ihre Schussweste zu tragen.

b) *Mögliche Lösungen:*
   - Der Mann will nicht, dass seine Frau sich noch mehr Sorgen um ihn macht.
   - Er ist traumatisiert/steht unter Schock.
   - Der Mann muss es erst für sich selbst verarbeiten.
   - Er weiß nicht, wie er es ihr sagen soll.
   - Er sucht erst einmal Trost und Nähe.

Wahlaufgabe

7. a) *Ein Tagebucheintrag ist eine* ***individuelle*** *und* ***persönliche Form*** *des Schreibens. Der Text selbst ist bereits im Tagebuchstil aus der Sicht der Frau geschrieben. Das heißt, dass du* ***keinen Textsorten-*** *und* ***Perspektivwechsel*** *vornehmen musst, sondern den Text im Stil der Autorin weiterschreibst. Was du beachten musst, ist die zeitliche Einordnung: Du sollst einen Tagebucheintrag für den Abend verfassen, an dem die Polizistin davon erfährt, dass ihr Mann angeschossen wurde. Das ist Wochen nach dem Einsatz (vgl. Zeile 86). In deinem Text musst du also die Angst des Einsatzabends, die Unsicherheit über das Verhalten des Mannes danach, seinen Bericht über den Einsatz und das Nachdenken über die Gefährlichkeit des Berufes einbauen. Der Tagebucheintrag ist eine sehr* ***freie Erzählform****, du kannst also selber entscheiden, an welcher Stelle und in welcher Form du die einzelnen Themen nennst. Damit du nichts vergisst, solltest du dir die Reihenfolge vorab in einer* ***Gliederung*** *notieren.*

11. 5. 2011

Liebes Tagebuch,

die ganze letzte Nacht saß ich mit seinem Hemd im Bett. Habe immer wieder über die verbrannten Ränder des kleinen Lochs gestrichen. Es war klein, so klein, dass nur mein kleiner Finger durchpasste. So ein winziges Loch, dachte ich. Aber wenn die Kugel nur zehn Zentimeter weiter rechts eingeschlagen wäre, dann wäre er jetzt wahrscheinlich nicht mehr bei mir. Er läge im Krankenhaus oder … Daran will ich gar nicht denken. Ich weiß, dass wir einen gefährlichen Beruf ausüben, er und ich. Aber man denkt nicht daran, solange nichts passiert. Man wäre sonst wie gelähmt, wenn der Gedanke an den Tod immer dabei wäre. Doch er war leichtsinnig. Wie konnte er ohne kugelsichere Weste zu einem Einsatz fahren? Das haben wir doch gelernt und immer wieder besprochen, in der Ausbildung und danach. Und wenn er das schon nicht ernst genommen hat, dann hätte er doch wenigstens an mich denken sollen. Er hätte mich alleingelassen. In dieser Nacht, als es passiert ist, als er so spät kam, da habe ich gedacht, jetzt ist es vorbei, jetzt habe ich ihn verloren. Die Angst war wie ein riesiges schwarzes Loch, ich habe den Schmerz gespürt, der käme, wenn ich ohne ihn leben müsste. Als er dann zur Tür hereinkam, war er seltsam, so seltsam. Erzählte nicht, warum er erst so spät nach Hause kam, sprach kein einziges Wort, küsste mich nur, verschloss mir den Mund, damit ich nicht nachfragen konnte, und klammerte sich an mich, als sollte ich ihn vor dem Ertrinken retten. Auch am nächsten Tag und in den Wochen danach hat er nicht über die Geschehnisse der Nacht gesprochen. Das konnte er erst gestern. Als ich beim Bügeln das kleine Loch im Hemd entdeckte, da war er so weit, dass er mir alles erzählen konnte. Er berichtete von dem Einsatz wegen nächtlicher Ruhestörung, von den Schüssen, die fielen, noch bevor er und seine Kollegen geklingelt hatten, und von dem einen Schuss, der ihn streifte. Und von dem Schützen, der sich danach selbst erschoss. Ich bin so froh, dass ich ihn nicht verloren habe. Er hat großes Glück gehabt oder einen sehr aufmerksamen Schutzengel. Jetzt weiß ich auch, warum er seitdem darauf achtet, dass ich meine Schutzweste trage. Von nun an passen wir beide auf uns auf.

b) *Wenn du diese Aufgabenstellung auswählst, solltest du dir vorher überlegen, ob du in Grundzügen mit dem Thema vertraut bist. Das heißt hier: Kenne ich einen gefährlichen Beruf, weil ich z. B. ein Praktikum gemacht habe, in der Schule davon gehört habe oder jemanden kenne, der ihn ausübt? Auch Berichte in den Medien (Fernsehen, Radio, Internet) können dir grundlegende Informationen vermittelt haben. Der **informative Text** soll deine Mitschüler sowohl unterhalten als sie auch mit vielleicht unbekannten Fakten vertraut machen.*

Retter aus der Luft

Wenn man in Frankfurt wohnt, hört und sieht man fast jeden Tag einen leuchtend orangefarbenen Hubschrauber über die Stadt fliegen. Das ist der Rettungshubschrauber Christoph.2, der auf dem Dach der Berufsgenossenschaftlichen Unfallklinik (BGU) im Nordosten der Stadt seine Basis hat.
Wir von der Schülerzeitung „Dicht dran" wollten wissen, wer die Männer sind, die diesen Helikopter fliegen, wie ihre Arbeit aussieht, welchen Gefahren sie ausgesetzt sind und wie sie damit umgehen. Deshalb haben wir einen Termin mit Rainer Schiller ausgemacht, dem Teamleiter der Rettungsstaffel von Christoph.2. Mit ihm gemeinsam fahren wir in das 18. Stockwerk, in dem die Einsatzzentrale untergebracht ist. Durchs Fenster sehen wir den beeindruckenden Hubschrauber auf dem Dach stehen. Am liebsten wären wir natürlich mitgeflogen, aber das ist verboten, denn es ist zu gefährlich für Leute ohne Spezialausbildung.
Wir erfahren, dass alle Piloten für Rettungshubschrauber bei der Bundespolizei ausgebildet werden. Die Piloten des Christoph.2 gehören zur Flieger-

staffel in Fulda. Außerdem besteht das Team noch aus Notärzten der BGU-Klinik und speziell ausgebildeten Rettungsassistenten der Berufsfeuerwehr. Die Teamarbeit ist hier buchstäblich lebenswichtig, denn man muss sich aufeinander verlassen können, z. B. darauf, dass der Hubschrauber zu jeder Zeit richtig gewartet und dass alles für den Abflug vorbereitet ist. Denn wenn er angefordert wird, ist dafür keine Zeit: Christoph.2 ist innerhalb von nur zwei Minuten startklar.
Rainer Schiller erklärt uns, dass es für einen Rettungsflieger verschiedenste Gefahrensituationen gibt. Wenn jemand nach einem Verkehrs- oder Arbeitsunfall in Lebensgefahr schwebt, muss das Team sofort losfliegen, egal bei welchem Wetter. Ob bei Nebel mit geringen Sichtweiten, Schneetreiben, Eisregen oder – was für Hubschrauber besonders schwierig ist – bei Sturm, sie müssen so schnell wie möglich zur Unfallstelle gelangen. Außerdem muss die Landung so nah wie möglich beim Unfallort erfolgen. Doch nicht immer ist das Gelände dafür geeignet: Es kann vorkommen, dass der Hubschrauber in bergigem Gelände, unter Umständen sogar an einem Hang, landen muss. Generell ist auch der Aufenthalt in der Nähe eines Hubschraubers mit laufenden Rotoren eine Gefahr, denn wenn man nicht aufpasst, gerät man in einen Sog oder lose Kleidungsstücke werden vom Rotor erfasst. Manchmal muss der Hubschrauber auch in der Nähe eines brennenden Gebäudes oder eines Gewässers landen. Oder er kann gar nicht landen und der Verletzte muss auf der Bahre, die an einer Seilwinde hängt, geborgen werden. Rainer Schiller berichtet, dass bei solch gefährlichen Einsätzen in den letzten Jahren insgesamt fünf Hubschrauberpiloten in Deutschland abgestürzt sind.
Eine weitere Gefahr ist nicht unmittelbar lebensbedrohlich, macht den Piloten aber trotzdem zu schaffen: Der Kontakt mit so vielen Schwerstverletzten und Toten kann zu psychischen Problemen führen, wenn man sich nicht davon abgrenzt. Herr Schiller erzählt, dass ihm der Fall eines jungen Motorradfahrers nicht mehr aus dem Kopf geht: Er hat zwar überlebt, ist aber vom Hals abwärts gelähmt. Für solche Fälle gibt es in der BGU-Klinik Psychologen und Seelsorger, mit denen man Gespräche führen kann.
Die unmittelbare Gefahr, so unser Gesprächspartner, muss man ausblenden, wenn man im Einsatz ist. Aber man muss sich immer weiterbilden und darf nicht nachlässig werden. Die vielen Vorschriften und Regeln dienen dem Schutz und der Sicherheit der Retter aus der Luft.

Abschlussprüfung an Hauptschulen in Hessen 2011
Deutsch – Text 2

Lösungen zum Text „Blindes Vertrauen“ von Selina Rust

1. *Versuche durch Einsetzen herauszufinden, welches Wort in den* ***Textzusammenhang*** *passt.*

   a) ☒ völlig

   b) ☒ Blindenhund

2. *Schlage die beiden Wörter im* ***Wörterbuch*** *nach. Hier findest du Wörter mit gleicher oder ähnlicher Bedeutung als Worterklärungen. Setze aber nicht einfach das erste dort angegebene Wort in deinen Satz ein, sondern achte bei deiner Auswahl unbedingt auf den* ***Textzusammenhang****.*

   a) Dabei müssen die Hunde auch lernen, sich mit ihren Herrchen zu verständigen/sich ihrem Herrchen mitzuteilen.

   b) Blindenführhunde sind im Behindertenrecht besonders verankert und haben eine bevorzugte/besondere Stellung gegenüber anderen Hunden.

3. ***Unterstreiche*** *die Sätze, die deiner Meinung nach den Sinn der Sätze a–d wiedergeben.* ***Überprüfe*** *genau, ob der Sinn der Sätze a–d mit deinen Textstellen übereinstimmt. Wenn der gesamte Satz Ähnliches ausdrückt, schreibe ihn heraus. Vergiss auch die* ***Zeilenangabe*** *nicht.*

   a) Heinz Bender ist froh, einen so treuen Wegbegleiter an seiner Seite zu haben. (Zeile 5/6)

   b) Auch Cora muss von ihrem Herrchen des Öfteren wieder auf bereits Gelerntes aufmerksam gemacht werden. (Zeile 29–31)

   c) *Natürlich muss die Strecke dem Hund wohlbekannt sein,* es wäre einem Blindenführhund unmöglich, sich in einem ihm fremden Gebiet zurechtzufinden. (Zeile 63–67)

   d) *In Deutschland leben etwa 155 000 blinde Menschen*, nur jeder Hundertste geht mit einem Führhund durchs Leben. (Zeile 73–76)

4. *Suche nach den Textstellen, in denen das Jahr* ***1916*** *bzw. das Wort* ***„ansprechen“*** *genannt werden. Versuche* ***querzulesen****, d. h., überfliege den Text und suche nach den Schlüsselbegriffen. Lies diese Textstellen nochmals genau. Dann kannst du die Fragen problemlos beantworten, denn du findest die Lösungen fast wörtlich im Text.*

a) ☒ Durch den Ersten Weltkrieg gab es viele Kriegsbehinderte.

b) ☒ Man sollte immer nur den blinden Menschen ansprechen.

5. *In der Aufgabenstellung steht, dass du die benötigten Informationen* ***im Text*** *findest.* ***Markiere*** *die Textstellen, die dir bei der Beantwortung der Fragen helfen, mit verschiedenen Farben, damit du den Überblick behältst.* ***Formuliere*** *dann für jeden verlangten Aspekt* ***einen ganzen Satz****. Achte darauf, nicht einfach aus dem Text abzuschreiben, sondern beschreibe* ***mit eigenen Worten****.*
Zu d: *Hier sollst du nicht nur Beispiele aus dem Text wiedergeben, sondern zwei Gesichtspunkte der Erziehung von Blindenhunden ausführlich beschreiben. Dazu musst du die passenden Textstellen zusammenfassen.*

a) *Mögliche Lösungen:*
- Ein Hund muss
  - wesensfest,
  - gelassen,
  - intelligent,
  - friedfertig sein,

  damit er für die Ausbildung zum Blindenhund geeignet ist.
- Ein zukünftiger Blindenhund darf nicht aggressiv oder ängstlich sein.

b) *Mögliche Lösungen:*
- Herr Bender muss dafür sorgen, dass Cora das Gelernte immer wiederholt.
- Er muss sie durch Streicheln und Loben motivieren.
- Cora darf sich nicht ablenken lassen./Cora darf während ihrer „Dienstzeit“ nicht schnüffeln, markieren oder koten.
- Herr Bender muss relativ streng sein, damit Cora ihre Aufgaben erfüllt.
- Der Hund braucht mindestens vier Stunden „Freizeit“ am Tag, in der er sich austoben, dösen oder mit anderen Hunden raufen kann.

c) *Mögliche Lösungen:*
- Ein ausgebildeter Führhund kann den Blinden auf Gefahren aufmerksam machen.
- Er kann den Blinden um Hindernisse herumführen.
- Der Hund kann vor Treppen stehen bleiben.
- Er kann bekannte Wege/Orte finden.

d) *Mögliche Lösungen:*
- Blindenführhunde werden erst mit einem oder zwei Jahren ausgebildet, wenn ihr Charakter gefestigt ist.
- Während der Grundausbildung, die etwa 8 Monate dauert, lernen sie wichtige Grundsätze im Umgang mit den Blinden kennen.
- Der Einführungslehrgang mit dem Besitzer dient zum Kennenlernen; die Hunde werden durch Loben und Streicheln motiviert.

6. ***Zu a:*** *Die* ***Bedeutung****, die der Blindenführhund für seinen Besitzer hat, kann sich sowohl auf die* ***Gefühle des Besitzers*** *als auch auf die* ***Aufgaben des Hundes*** *beziehen. Was kann Herr Bender mit Coras Hilfe tun, was ohne sie gar nicht oder nur sehr schwer möglich wäre?* ***Formuliere*** *deine Antworten* ***in ganzen Sätzen****.*
Zu b: *Ein Blindenführhund hat die gleichen* ***Bedürfnisse*** *wie ein normaler Hund. Überlege, was normalerweise für oder* ***gegen die Anschaffung*** *eines Haustiers spricht. Welche* ***Nachteile*** *könnten bei einem Hund wie Cora größer sein als die Vorteile?*

a) *Mögliche Lösungen:*
- Cora ist für Herrn Bender ein ständiger Begleiter/Freund. (vgl. Zeile 5/6)
- Die beiden sind ein eingespieltes Team. (vgl. Zeile 9/10)
- Cora gibt ihm Sicherheit; Herr Bender kann sich voll und ganz auf sie verlassen. (vgl. Zeile 41–43)
- Herr Bender wird durch Cora unabhängiger und selbstständiger. (vgl. Zeile 76–79)

b) *Mögliche Lösungen:*
- Es gibt andere Hilfsmittel wie Blindenstock, Vibrationsgerät oder Ultraschallbrille, mit denen man sich zurechtfinden kann.
- Die Betreuung eines Tieres ist sehr zeitaufwendig und anstrengend.
- Die Wohnung und die Umgebung muss für einen Hund geeignet sein, sodass er genügend Platz und Auslaufmöglichkeiten hat.
- Es erfordert Mut, sich vollkommen auf ein Tier zu verlassen.
- Viele Blinde wissen vielleicht nicht, dass die Krankenkasse die Kosten übernimmt.

Wahlaufgabe

7. a) Einen persönlichen Brief schreiben

Ein Brief an die Eltern eines Freundes ist zwar ein persönlicher Brief, sollte aber trotzdem in sachlicher Sprache verfasst sein. Achte auf die ***formalen*** *und* ***inhaltlichen Merkmale:***

- *Mach dir bewusst,* ***wer an wen*** *aus welchem* ***Anlass*** *schreibt.*
- *Denke daran, die* ***äußere Form*** *des Briefs einzuhalten: Ort, Datum, persönliche Anrede („Liebe/Lieber …"), Grußformel („Liebe Grüße") und Unterschrift.*
- *Die Eltern eines Freundes/einer Freundin redet man üblicherweise mit „Sie" an. Schreibe die* ***höflichen Anredepronomen*** *immer groß.*

Die Aufgabenstellung verlangt, dass du anstelle deines Freundes/deiner Freundin den Eltern Argumente nennst, warum die Anschaffung eines Blindenführhundes sinnvoll wäre. Nimm den Text als Grundlage, aber bringe auch ***eigene Ideen*** *mit ein:*

- *Die* ***Argumente****, die für einen Blindenführhund sprechen, findest du im Sachtext und in deiner Lösung zu Aufgabe 5 c.*
- *Die möglichen Gründe gegen einen Hund hast du in Aufgabe 6 b schon erarbeitet. Versuche sie in deinem Brief zu entkräften, indem du dir* ***Gegenargumente*** *überlegst.*
- *Versuche auch, nicht nur sachliche Argumente anzuführen, sondern auch auf die* ***Gefühle*** *einzugehen, die ein Blindenhund auslösen kann.*

11. 5. 2011

Liebe Familie Wituschek,

Saskia und ich haben uns an ihrem Geburtstag sehr lange über ihren Wunsch nach einem Blindenhund unterhalten. Ich kann Saskia sehr gut verstehen und möchte sie gerne dabei unterstützen. Sie hat mir erzählt, dass Sie nicht sicher sind, ob ein Blindenhund für Ihre Tochter sinnvoll und hilfreich wäre. Vielleicht gelingt es mir ja, Ihnen Saskias Argumente zu vermitteln. Sie selbst befürchtet, dass sie in einer Diskussion mit Ihnen nicht sachlich bleibt oder wichtige Argumente vergisst.
Für die Anschaffung eines Blindenhundes spricht meiner Meinung nach am meisten, dass er Saskia eine größere Selbstständigkeit ermöglicht. Sie könnten jetzt sagen, das wäre genauso mit einer Ultraschallbrille oder einem Vibrationsgerät möglich. Aber ein Hund führt viel zügiger und direkter, man kann sich mit ihm sicherer bewegen. Ein ausgebildeter Blindenhund kann z. B. auf Gefahren aufmerksam machen. Saskia könnte sich wirklich auf ihn verlassen, wenn sie unterwegs ist.

Mit 16 Jahren ist sie jetzt auch alt genug, um bei der Erziehung des Hundes mitzuwirken und im Umgang mit ihm verantwortungsbewusst und, wenn nötig, auch einmal streng zu sein. Die Anpassungsphase von drei Wochen würden Saskia und „ihrem“ Hund dabei helfen, sich aufeinander einzustimmen. Dadurch würde sie Vertrauen in sich und den Hund entwickeln.
Saskia hat mir erzählt, dass Sie die hohen Anschaffungskosten für einen speziell ausgebildeten Hund scheuen. Daher haben wir beide im Internet recherchiert und uns informiert. Die Kosten für die Anschaffung und die Ausbildung des Hundes und sogar für alle Tierarztbesuche werden fast vollständig von der Krankenkasse übernommen. Wenn wir es richtig verstanden haben, müssten Sie nur das Futter bezahlen.
Natürlich benötigt ein Blindenhund auch Freizeit, in der er Saskia nicht führen soll, sondern sich wie ein normaler Hund benehmen darf. Da Sie beide arbeiten und deswegen nur am Wochenende Zeit für den Hund hätten, möchte ich Ihnen anbieten, dreimal in der Woche nachmittags vorbeizukommen und mit dem Hund in den Park oder in den Wald zu gehen. In der übrigen Zeit könnte der Hund in Ihrem großen Garten herumtoben und bekommt auf jeden Fall genug Bewegung.
Für Saskia wäre ein Blindenhund nicht nur eine Hilfe, sondern er wäre auch ein Gefährte, dem sie vertrauen kann. Deswegen bitten wir Sie beide, Ihrer Tochter den Blindenhund zu erlauben.

Vielen Dank und viele Grüße

Mareike

b) Einen Tagebucheintrag verfassen
Diese Aufgabenstellung ist sehr ***frei*** *und* ***persönlich****. Das Thema ist sehr weit gefasst, da du ein beliebiges Ereignis zum Thema „Vertrauen“ schildern sollst. Wenn du schon einmal ein Erlebnis mit einem Tier oder einem Menschen gehabt hast, bei dem Vertrauen eine große Rolle gespielt hat, erzählst du diese Begebenheit und schilderst die Gefühle, die du dabei hattest. Wenn dir kein solches Erlebnis einfällt, musst du in der Prüfungssituation eines* ***erfinden****. Dabei musst du aufpassen, dass du nicht nur Aussagen darüber machst, wie wichtig Vertrauen im Umgang mit Tieren oder Menschen ist, sondern dass du ein* ***Erlebnis mit Handlungselementen****, vielleicht sogar mit einem* ***Spannungsbogen*** *erzählst. Denke daran, dass in einem Tagebucheintrag* ***Gefühle*** *sehr wichtig sind.*

11. 5. 2011

Liebes Tagebuch,

noch nie war ich so froh, in einem warmen Bett zu liegen, auch wenn es ein Krankenhausbett ist! Habe ich jemals gesagt, dass ich keinen Hagebuttentee mag? Es ist das köstlichste Getränk der Welt, seitdem ich über fünf Stunden im Schnee gestanden habe. Ich wusste nicht, ob mich noch jemand finden würde. Aber da ich Niko vertraut habe, ist alles gut ausgegangen.
Die Pisten, die wir mit der Skifreizeit der Schule fuhren, waren Niko und mir von Anfang an zu langweilig. Wir beschlossen daher gestern, die Mittagspause für eine Extra-Abfahrt zu nutzen. Während die anderen beim Essen saßen, wollten wir abseits der Piste durch den herrlichen Tiefschnee fahren und rechtzeitig zur Weiterfahrt wieder zurück sein.
Das Wetter war sonnig, als wir von der Gipfelstation losfuhren. Wir wählten absichtlich eine Strecke, die weit weg von allen Pisten und Liften war, damit uns keiner sehen konnte. Auf einmal, etwa auf halbem Weg zur Mittelstation, kam Nebel auf und die Sicht wurde schlechter. Abseits der Piste gab es natürlich keine Markierungen und wir kannten uns auch nicht aus. Bald führte der einzig mögliche Weg durch ein Wäldchen, in dem der Boden nicht vollständig mit Schnee bedeckt war. Plötzlich blieb ich mit meinem Skiern an einer Baumwurzel hängen, die Bindung löste sich ruckartig und ich purzelte kopfüber den Hang hinab. Nach ein paar Metern knallte ich mit voller Wucht gegen einen Baum und spürte einen stechenden Schmerz in der Schulter. Niko stoppte neben mir und half mir aufzustehen. Vor Schmerzen konnte ich meinen rechten Arm nicht bewegen. Suchend sah ich mich nach meinen Ski um: Der eine steckte noch unter der Baumwurzel, doch der andere war verschwunden. Was sollten wir jetzt machen? Im Gebirge hatten unsere Handys keinen Empfang, niemand konnte uns sehen und hören, und außer uns würde wohl auch keiner so blöd sein, hier abzufahren. Als wäre der Nebel nicht schon genug, fing es nun auch noch an zu schneien und es war bitterkalt. Niko schlug vor, alleine ins Tal abzufahren, um Hilfe zu holen, da ich nicht fahren konnte. Ich zögerte, so ganz allein in diesem Wald zu bleiben. War es nicht klüger, zusammenzubleiben? Was, wenn sich Niko noch mehr verirren würde? Und wie sollte er mich wiederfinden? Als ich das zu Niko sagte, meinte er, ich solle ihm vertrauen. Er machte mich auf einen seltsam geformten Felsen aufmerksam, den er bereits an der Gipfelstation bemerkt hatte. An ihm wollte er sich orientieren, um mich wiederzufinden. Ich überlegte: Wenn ich mit Niko zusammen abstieg, ohne Ski, wären wir sehr langsam und wegen des Schneefalls war die Sicht sehr schlecht. Ohne mich wäre er schneller. Aber bei dem Gedanken, allein zurückzubleiben, wurde mir ganz mulmig zumute. Sollte ich Niko vertrauen, dass er mich wiederfinden würde? Oder

lieber das Risiko eingehen, dass wir beide uns im Wald verirrten und erfroren?
Schweren Herzens stimmte ich Niko zu und ließ ihn fahren. Ich lehnte mich an den Baum, der meinen Sturz gebremst hatte, und schlang meine Skijacke fest um mich. Die Zeit verging unendlich langsam. Ich zwang mich, zu zählen, Einmaleinsaufgaben zu lösen und die drei Gedichte aufzusagen, die ich auswendig kenne, um nicht jede Minute auf die Uhr zu schauen. Wenigstens hörte nach einer Weile der Schneefall auf. Der Schmerz in meiner Schulter wurde unerträglich. Mittlerweile war es dunkel, und ich war so müde, dass ich mich am liebsten in den Schnee gelegt und geschlafen hätte. Endlich, nach einer Ewigkeit, hörte ich Stimmen, und am lautesten die von Niko: „Tim, wo bist du?“ „Hier“, „brüllte ich, „hier!“. Und dann sah ich ihn endlich und wir lachten wie verrückt. Hinter Niko kam die Bergwacht mit einem Schlitten angefahren, auf den ich gelegt wurde. So wurde ich ins Tal und dort gleich ins Krankenhaus transportiert, Niko immer neben mir. Ich bin so froh, dass ich ihm vertraut habe, dass er mich findet. Wer weiß, was passiert wäre, wenn wir beide uns im Schneesturm noch weiter verlaufen hätten.

Abschlussprüfungen an Hauptschulen in Hessen 2007
Englisch

A Listening Comprehension Test

1. Choose the right answer and mark with a tick (✓).

Hinweis: *Jede richtige Lösung ergibt einen Punkt. Sind mehrere Möglichkeiten angekreuzt, wird kein Punkt vergeben.*

a) What company does Janet work for?

- ☐ Best Boarders.
- ☑ Let's Surf.
- ☐ Surf Sensation.

b) What is the weather like in Hans' home country right now?

- ☐ It's sunny too but not as warm as on holiday.
- ☐ It's really hot and there are a lot of storms.
- ☑ It's cold.

c) Why can't Hans go surfing in his home country?

- ☑ Because there are not many beaches there.
- ☐ Because he lives a long way from the coast.
- ☐ Because there is no coast in his country.

d) How does Hans feel when he is surfing?

- ☐ Like a drowned rat. He always falls in.
- ☐ Like a beginner because he hasn't been surfing long.
- ☑ Like a bird that can fly.

e) What does Mike think of the beaches in Australia?

- ☐ He thinks they're too big and dirty.
- ☑ He thinks they're really big.
- ☐ He thinks there are too many people on them.

f) Why did Mike come to Australia?
   - [x] It was a trip of a lifetime for him.
   - [ ] He wanted to surf in a new place.
   - [ ] The flight was very cheap.

2. Answer the questions about the interview you have heard.

Hinweis: Für jede richtige Antwort gibt es zwei Punkte. Für Grammatikfehler (z. B. falsche Verbform) und Rechtschreibfehler erfolgt kein Punktabzug. Du solltest vollständige Sätze schreiben. Es werden aber auch unvollständige Sätze akzeptiert, die die Kernaussage treffen und zeigen, dass der Text verstanden wurde.

a) Because it's a wild sport.
   Hinweis: *Zeile 22*

b) He is in Australia (with his girlfriend) for four weeks.
   Hinweis: *Zeilen 14–18*

c) He has been surfing since he was a kid.
   Hinweis: *Zeile 38*

d) His dad taught him to surf (when he was little).
   Hinweis: *Zeile 39*

B Reading Comprehension Test

Part One

1. Answer the questions. Write full sentences.

Hinweis: Für jede richtige Antwort gibt es zwei Punkte. Für Grammatikfehler (z. B. falsche Verbform) und Rechtschreibfehler erfolgt kein Punktabzug. Du solltest vollständige Sätze schreiben. Es werden aber auch unvollständige Sätze akzeptiert, die die Kernaussage treffen und zeigen, dass der Text verstanden wurde.

a) He decided to travel through the outback all alone (on his bike).
   Hinweis: *Zeilen 8/9*

b) They were a problem because they drove too fast. /
   They were a problem because they didn't look out for bikers.
   Hinweis: *Zeilen 18/19*

c) It lasted 6 weeks. / He travelled for 6 weeks.
Hinweis: Zeile 24

d) He travelled hundreds of kilometres.
Hinweis: Zeile 24

e) Because the nearest house, water or tree can be 200 kilometres away. / Because of the trucks. / If you have an accident, there are not many people to help you. / You can die of thirst and heat.
Hinweis: Zeilen 21–23

2. Find passages in the text which give reasons for the following statements.

Hinweis: Für jede richtige Antwort gibt es zwei Punkte. Für Grammatikfehler (z. B. falsche Verbform) und Rechtschreibfehler erfolgt kein Punktabzug. Du solltest vollständige Sätze schreiben. Es werden aber auch unvollständige Sätze akzeptiert, die die Kernaussage treffen und zeigen, dass der Text verstanden wurde.

a) Ronald Miller often thought that he couldn't finish his tour.
The strong winds and the hot summer sun gave him such a bad eye infection and sunburn. / He nearly died of thirst and heat.
Hinweis: Zeilen 12–17

b) Hospitality is very important in the outback. /
Hospitality is very important there because the nearest house, water or even tree can be two hundred kilometers away.
Hinweis: Zeilen 21–23

Part Two

3. "Right" or "wrong"? Mark with a tick (✓).

Hinweis: Jede richtige Lösung ergibt einen Punkt. Sind beide Möglichkeiten angekreuzt, wird kein Punkt vergeben.

		right	wrong
a)	Tim's parents live in Kent.	☑	☐
b)	He travelled for 48 hours to get to Coral Bay.	☑	☐
c)	He went there with some English people he met.	☐	☑
d)	He hated the under-water experience.	☐	☑

4. Answer the questions. Write full sentences.

Hinweis: *Für jede richtige Antwort gibt es zwei Punkte. Für Grammatikfehler (z. B. falsche Verbform) und Rechtschreibfehler erfolgt <u>kein</u> Punktabzug. Du solltest vollständige Sätze schreiben. Es werden aber auch unvollständige Sätze akzeptiert, die die Kernaussage treffen und zeigen, dass der Text verstanden wurde.*

a) Tim is writing from the western coast of Australia. /
Tim is writing from the camping grounds in Coral Bay.
Hinweis: *Zeile 2, Zeilen 4/5*

b) He went swimming with turtles and sharks. /
He went on a diving course and snorkelled around the reefs.
Hinweis: *Zeilen 6/7, Zeilen 8/9*

c) He says, "No need to panic" because whale sharks don't eat meat.
He says this because he thinks his parents will be worried / shocked / frightened. / His parents could think that the sharks were dangerous.
Hinweis: *Zeilen 7/8*

d) He will go back to Perth because he doesn't have much money left. / He will go back because he needs more money. / He will go back because he needs to go to the bank.
Hinweis: *Zeilen 14/15*

C Language

1. Fill in the correct word.

Hinweis: *Jede richtige Lösung ergibt einen halben Punkt.*

a) This morning when I went **to** the beach, there were **two** surfers. I looked at the waves but they were **too** high for me.

b) Sam and Becky are tourists, **they're** on holiday in Australia. When they arrived at the airport, they had problems finding **their** suitcase. They stayed **there** all afternoon.

c) Paul is travelling **to** Sydney **by** plane. Sydney is **in** Australia. Ann is meeting him **at** the airport.

2. You have a holiday job in a hostel in Sydney. Complete the dialogue.

Hinweis: *Achte hier darauf, dass du nicht Wort für Wort übersetzen sollst, sondern, dass du dich der Situation angemessen auf Englisch ausdrückst. Lies dir die deutschen Vorgaben sorgfältig durch, dann fällt dir der englische Satz nicht mehr schwer.*

RECEPTIONIST: **Can I help you? / Good morning, how can I help you? / May I help you?**

CUSTOMER: I would like a room for three nights, please.

RECEPTIONIST: **Room number 14 is free. Would you like to have (breakfast in the hostel)? / Room number 14 is empty. Would you like to eat breakfast here? / Room number 14 is available. Would you also like breakfast?**

CUSTOMER: Yes, please. What does the room cost per night?

RECEPTIONIST: **The room costs $10 per night. / It cost $10 a night. / It is $10 per night.**

CUSTOMER: Thank you. How do I get to the room?

RECEPTIONIST: **The room is on the first floor on the left (-hand side). Have a nice stay. / The room is on the left on the first floor. Enjoy your stay. / Have a nice time.**

D Text Production

1. Explore Holidays

Hinweis: *Beachte hier unbedingt die wichtigen Merkmale dieser Briefform: Anrede, Schlussformel, Datum, etc.*

Frankfurt, 5th May 2007

Dear Sir or Madam,

Last week I found a brochure about a holiday in Australia.
There are four of us and we want to go to Australia on July 5th. I would like to know how much the flights and hostels are. Can we book a hostel all inclusive?
It would be great if you could send me some information about the hostels because my friends want to see where we are going.
I would also like some more information about the tour.
My e-mail address is Thomas@opt.net. Thank you for your help.

Yours sincerely,
Thomas Opt

2. Letter

Hinweis: *Hier musst du darauf achten, dass die Informationen gegliedert sind. Denke außerdem daran, ansprechend zu formulieren. Natürlich darfst du in diesem Brief Einführung oder Schluss nicht vergessen, wo du noch einmal das wichtigste zusammenfasst.*

Hi Tom,

I have just come back from a fantastic holiday in Spain. I was in a little village on the beach with about 20 houses and one big hotel. The hotel was really great. It had about 500 beds. Our room was almost bigger than our house. We had our meals in one of the restaurants (there were 3). I went surfing all day long or I just swam in the pool. You could also play darts or table tennis.
I can recommend this hotel to you because you can meet lots of young people there.

Love Clara

3. Creative Writing

Hinweis: *Denke auch hier wieder daran, deine Gedanken zu gliedern, sodass man beim Lesen leicht nachvollziehen kann, was du sagen möchtest.*

When I was on holiday with my parents nearly everything went wrong. Our plane was delayed by about 6 hours. When we arrived in Spain the hotel was overbooked and we had to go to another one. The room we got was dark and dirty and there were spiders everywhere. We went to the restaurant because we were hungry. I ordered steak and chips but it was impossible to eat it. So I ordered vanilla ice cream. After 30 minutes I felt sick and my mother called the doctor. What a holiday! I was so glad to get home!

Abschlussprüfungen an Hauptschulen in Hessen 2008
Englisch

A Listening Comprehension Test

1. You will hear five announcements. You will hear the announcements twice. Tick (✓) right or wrong.

Hinweis: *Jede richtige Antwort ergibt einen Punkt. Sind mehrere Möglichkeiten angekreuzt, wird kein Punkt vergeben.*

		right	wrong
a)	The zoo is closed on Mondays.	☑	☐
b)	You can buy the MP3 player next Monday.	☐	☑
c)	This is a message for all people working at the airport.	☐	☑
d)	The tram to Paddington is 15 minutes late.	☐	☑
e)	The girl wants to meet John the next day.	☑	☐

2. You will hear four messages. You will hear the messages twice. There are <u>two tasks</u> (a + b) for each text. Tick (✓) the right picture.

Hinweis: *Jede richtige Antwort ergibt einen Punkt. Sind mehrere Möglichkeiten angekreuzt, wird kein Punkt vergeben.*

Message 1

a) The information desk is in front of

☐

☑

b) Mrs. Smith should go there because

☐

☐

 ☐

 ☑

Message 2

a) In the **North** the weather will be

 ☐

 ☐

 ☑

b) In the **South** the weather will be

 ☑

 ☐

 ☐

Message 3

a) Mr. Snooze is

 ☐

b) Men can get a special offer on

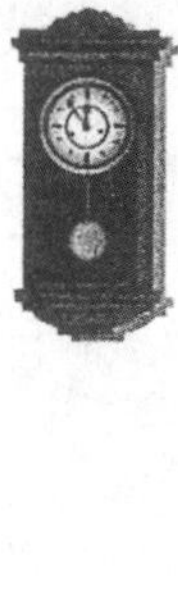 ☐

 ☐

 ☑

 ☑

 ☐

Message 4

a) SHINE is for your

 ☑

 ☐

 ☐

b) You can buy SHINE at

 ☐

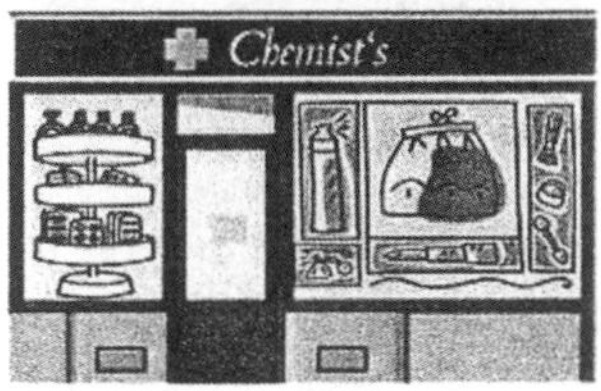

☑

☐

3. You will hear an interview between Sarah and a radio reporter. You will hear the interview twice. Tick (✓) the right statement.

Hinweis: *Jede richtige Antwort ergibt einen Punkt. Sind mehrere Möglichkeiten angekreuzt, wird kein Punkt vergeben.*

a) Sarah is

- ☐ seventeen.
- ☑ sixteen.
- ☐ fifteen.

b) Sarah is on the show because

- ☐ she is famous.
- ☐ she is good at school.
- ☑ she has made a film.

c) She got the idea from

- ☑ a teacher.
- ☐ the internet.
- ☐ her parents.

d) Who is the competition for?

- ☑ teenagers
- ☐ adults
- ☐ children

e) How often did they have to film the scenes?

- ☐ once
- ☐ twice
- ☑ several times

f) The film was about a ghost who lost his

- ☐ memory.
- ☐ friends.
- ☑ way.

g) Filming took about

- ☑ 9 months.
- ☐ 11 months.
- ☐ 5 months.

B Reading Comprehension

Tick (✓) the right statement.

Hinweis: *Jede richtige Antwort ergibt einen Punkt. Sind mehrere Möglichkeiten angekreuzt, wird kein Punkt vergeben.*

1. This is a van for

- [ ] a school class.
- [x] an emergency.
- [ ] the fire fighters.

2. Central Car Park

This sign says:

- [ ] the police check this parking area.
- [ ] there is a camera on the car park.
- [x] someone could steal your car here.

3. This is a

- [x] shop for children.
- [ ] shop for adults only.
- [ ] play area for children.

4. Health letter

a) The leaflet is for

- [ ] workers.
- [x] pupils.
- [ ] mothers.

b) Stretching is good for your

- [x] fitness.
- [ ] happiness.
- [ ] success.

5. Trainee Wanted

a) The company is looking for a new

secretary. ☐

assistant. ☐

mechanic. ☑

b) When you work there, you go to school

12 days a month. ☐

four days a week. ☐

one day a week. ☑

6. Come to the "Gate of India" dinner buffet!

a) The "Gate of India" is an

☐ Indian fast food place.

☑ Indian restaurant.

☐ Indian guesthouse.

b) At the "Gate of India" you can find

☐ fish dishes.

☑ vegetable dishes.

☐ meat dishes.

c) If you eat at the "Gate of India", you

☐ don't pay for your dessert.

☐ only pay for one meal.

☑ don't pay for your first drink.

7. Find the right band for your friends at this year's music festival. There is one band more than you will need. Fill in the correct letter (a, b, c, d or e).

Mum wants to chill out. She needs some quiet.	b
You're looking for a band for your grandma.	d
Your aunt is looking for a band for her young children.	e
John wants to dance all night long.	c

8. Misery Guts

a) What do you think Keith said now? Tick (✓) the best answer.

- [ ] "I'm glad we have a fire insurance," he said.
- [x] "I burned it down," he said.
- [ ] "Someone set our house on fire," he said.

b) Tick right or wrong (✓).

	right	wrong
On their way home they saw a wonderful sunset.	☐	☑
Their house was on fire.	☑	☐
Keith had not turned off the oven when they left.	☑	☐
Keith ran away when he saw what had happened.	☐	☑
Mitch Wilson said he was sorry.	☐	☑

C Mediation

Hinweis: *Jede verständliche und sinngemäß richtige Antwort wird mit einem Punkt bewertet. Sprachliche Fehler führen nicht zum Punktabzug, sofern man versteht, was gemeint ist, und sofern die Aussage dem Text sachlich entspricht.*

Deine Freundin möchte wissen:

1. Wie teuer ist die Übernachtung für eine 16-Jährige?
   £ 14.00

2. Ist das Frühstück mit dabei?
   Ja

3. Welche Attraktionen bietet Newcastle und seine Umgebung?
   Die Küste, die Landschaft, Hadrian's Wall, das größte Einkaufszentrum Europas, Whitley Bay

4. Wie kommt man in die Stadtmitte?
   Mit dem Bus

5. Wann fährt der letzte Bus zur Jugendherberge?
   Um 22 Uhr

6. Was kann man abends in der Stadtmitte unternehmen?
   In die Disco gehen

7. Kann man über Weihnachten in der Jugendherberge übernachten? **Nein**

D Language

Read the following text and tick (✓) the correct form in the box below.

Hinweis: *Jede richtige Antwort ergibt einen Punkt. Sind mehrere Möglichkeiten angekreuzt, wird kein Punkt vergeben.*

1	are	☑	2	in	☐	3	were	☑	4	hearing	☐
	am	☐		to	☑		was	☐		whispering	☐
	is	☐		by	☐		be	☐		screaming	☑
5	Her	☐	6	with	☐	7	sang	☑	8	them	☑
	His	☑		on	☐		talked	☐		they	☐
	Their	☐		to	☑		danced	☐		their	☐
9	my	☐	10	seconds	☐	11	called	☐	12	are	☐
	me	☑		days	☐		listened	☑		will be	☐
	mine	☐		hours	☑		heard	☐		is	☑
13	great	☑									
	bad	☐									
	wet	☐									

E Text Production

1. You are on a school trip with your class.
Write a letter to your pen friend. Use your imagination.

Denke bei der Aufgabe, die du gewählt hast, immer an den Adressatenbezug. Es macht einen Unterschied, ob du an einen Freund schreibst oder einen offiziellen Brief verfasst.

Hi Steven,
at the moment we are on a school trip to England. On the photo you can see our German teacher and our English teacher in their boats.
We are staying on a camping site. The weather is not really good and it's quite cold here.
But the nights are super! Yesterday we all stayed in one tent till six o'clock in the morning. At seven o'clock our teachers came in and didn't notice anything We were all in our own sleeping bags. We are leaving tomorrow.
Love, Sandra

2. **Write an email to a friend you met there.**

Hier darfst du teilweise auch E-mail-Sprache verwenden, z. B. Abkürzungen wie „cu". Du solltest jedoch möglichst wenige Abkürzungen in deine Mail einbauen.

Hi Tom,

the skateboard workshop in the summer holidays was really great. It was so cheap, too. Only 10 Euros for one day. The skateboard champion was the best because he showed us tricks on the half pipe and on the ground.
After the workshop I went to Spain with my sister and my mum.
The first day at school was awful because we had six lessons.
When can we meet up to practice? Tell me as soon as possible!

cu Steven

3. **Radio London is offering free tickets to your favourite concert. Write to them to win the prize.**

Du willst die Karten für das Konzert unbedingt haben. Schreibe deshalb deinen Brief so überzeugend wie möglich!

Dear Sir or Madam,

my star is Madonna. She looks so beautiful and I love her so much. I think she has adopted a child. That's so great.
I like the music and I always dance to it when I'm alone at home. My favourite song is "Like a virgin".
Please, send me the concert tickets because I need a birthday present for my mum. (I have no money to buy her another present). My mum is also a fan of Madonna!

Thank you very much!

Best wishes,

Heike Miller

Abschlussprüfungen an Hauptschulen in Hessen 2009
Englisch

A Listening Comprehension Test

1. You will hear eight messages or dialogues. You will hear each text twice. For each text, tick (✓) the right statement.

Hinweis: *Für jede richtige Antwort bekommst du einen Punkt. Hast du mehrere Möglichkeiten angekreuzt, erhältst du keinen Punkt.*

Text 1
The football club meets at
- [x] 3.45.
- [ ] 3.54.
- [ ] 4.15.

Text 2
They are leaving from platform
- [x] four.
- [ ] fourteen.
- [ ] seven.

Text 3
Kelly asks Trish to bring some
- [x] strawberries.
- [ ] raspberries.
- [ ] cherries.

Text 4
The roller coaster is closed because of
- [ ] an accident.
- [x] bad weather.
- [ ] a fire alarm.

Text 5
In the corridor, pupils must not
- [ ] eat.
- [x] run.
- [ ] push.

Text 6
The library is
- [ ] opposite the tourist office.
- [ ] next to the post office.
- [x] opposite the post office.

Text 7

The city centre is straight on, left, over the bridge, then

- ☐ on the right.
- ☑ straight on.
- ☐ on the left.

Text 8

Visitors must not

- ☑ give food to the bears.
- ☐ put their hands in the cage.
- ☐ take pictures of the bears.

2. Listen to Amanda. You will hear the text twice. Fill in the table with the information you hear.

Hinweis: *Für jede richtige Antwort bekommst du einen Punkt.*

name	Amanda
age	**17 / seventeen**
lives in	**Manchester**
hobbies (3)	**dancing, playing the piano, cycling**
favourite food	**chips and chocolate**
weekend	**part time job**
music	**(old stuff) (from the) 80s / eighties**

3. Listen to the interview with José on the radio. You will hear the interview twice. Tick (✓) the right statement.

Hinweis: *Für jede richtige Antwort bekommst du einen Punkt. Hast du mehrere Möglichkeiten angekreuzt, erhältst du keinen Punkt.*

a) The story is about someone who

- ☐ drives a truck.
- ☐ works for a radio station.
- ☑ is an immigrant.

b) The young man came from

- ☐ Texas.
- ☐ America.
- ☑ Mexico.

c) The young man was
- ☐ invited by friends.
- ☐ given a passport.
- ☑ driven in a truck.

d) He left his home country because
- ☐ he wanted to go sightseeing.
- ☑ he wanted to start a new life.
- ☐ he wanted to learn English.

e) In America he can
- ☑ get a better education.
- ☐ work as a translator.
- ☐ have more free-time.

f) Some Americans don't like foreigners because they think
- ☑ foreigners take their jobs.
- ☐ foreigners get all the good jobs.
- ☐ foreigners are criminals.

B Reading Comprehension

1. Tick (✓) the right statement.

Hinweis: *Für jede richtige Antwort bekommst du einen Punkt. Hast du mehrere Möglichkeiten angekreuzt, erhältst du keinen Punkt.*

a)
- ☐ It is not possible to leave the hostel before 7.30 in the morning.
- ☐ If you leave before 7.30 in the morning, you must make your bed.
- ☐ You must give your keys back in the evening before you go to be.
- ☑ If you want to leave early, you must check out the evening before.

b)
- ☐ If you pay £ 20 you can travel all day for free.
- ☐ Tickets on the train will cost at least £ 20.
- ☐ You must pay £ 20 penalty to go by train.
- ☑ Buy your ticket before getting on the train.

c)
- ☐ Visitors must leave this place before 7 p.m. in winter.
- ☑ In winter visitors must leave this place before it gets dark.
- ☐ In winter the gardens open longer than in summer.
- ☐ The car parking opens longer than the gardens.

d) ☐ You must bring a change of towels with you.
☐ Towels are not in the rooms when you arrive.
☑ On the second day you can ask for new towels.
☐ Towels cannot be changed here after one night.

e) ☐ You may smoke in special areas in the station.
☑ You are not allowed to smoke in the station.
☐ No smoking in the train, only in the station.
☐ No smoking in the station, only in the train.

2. Authors

Hinweis: Für jede richtige Antwort bekommst du einen Punkt. Bei Rechtschreibfehlern wird dir kein Punkt abgezogen.

name	year of birth	nationality	best book	awards
Morris Gleitzman	1953	**British**	Two weeks with the Queen	Australian Family Award
Markus Zusak	1975	**Australian**	The Book Thief	Deutscher Jugend-literaturpreis
Mal Peet	- - -	British	**Tamar**	Carnegie Medal
Judith Kerr	**1923**	British	**When Hitler Stole Pink Rabbit**	- - -

3. The Family is Fine

a) **Tick (✓) the correct statement.**

Hinweis: Für jede richtige Antwort bekommst du einen Punkt. Hast du mehrere Möglichkeiten angekreuzt, erhältst du keinen Punkt.

The text is about

☑ a young man who arrives at a new home.
☐ a student on a school exchange to London.
☐ a young man visiting his girlfriend's family.
☐ The Fitzgerald family moving to London.

b) **Fill in the fact sheets with information from the text.**

Hinweis: *Für jede richtige Antwort bekommst du einen Punkt. Für die Beantwortung der letzten Frage musst du drei Gegenstände nennen, um einen Punkt zu erhalten. Rechtschreibfehler führen nicht zu Punktabzug.*

Ruth	
age:	**17**
looks:	**long black hair, slim face, brown eyes**
job:	**sales assistant**

The Fitzgeralds	
wedding year:	**1977**
came from:	**Ireland**

Alem's room	
where?	**upstairs**
things in room (3)	**(a) TV (set) / television**
	(a) computer
	(many) books

C Mediation

Hinweis: Für jede verständliche und sinngemäße richtige Antwort bekommst du einen Punkt. Für die Beantwortung der Frage 3 werden zwei Punkte vergeben. Bei sprachlichen Fehlern werden dir keine Punkte abgezogen, sofern man versteht, was du meinst, und sofern die Aussage dem Text sachlich entspricht.

Deine Mitschülerinnen und Mitschüler möchten Folgendes wissen:

1. Von wem wird diese Website gemacht?
   Die Website wird von Snowboardern gemacht.

2. Bekommt man als Mitglied Ermäßigung?
   Ja. (Club discounts)

3. Welche Informationen kannst du als Mitglied von dieser Website abrufen (zwei Informationen)?
   Tagesaktuelle/tägliche Nachrichten, Veranstaltungskalender, Camps und Kurse (wie man snowboarden lernt)

4. Wie viel kostet eine Mitgliedschaft für Jugendliche unter achtzehn Jahren?
   £15.

5. Bekommt man als Mitglied einen Rabatt bei der Unfallversicherung?
   Ja, man bekommt für das erste Jahr die komplette Versicherung gratis dazu.

6. Warum kann man in Großbritannien auch snowboarden, wenn kein Schnee gefallen ist?
   Es gibt dort künstliche Pisten.

7. Was muss man tun, wenn man noch mehr wissen will?
   Die Website von Snow Dome High Wycombe besuchen/das Online-Magazin lesen.

8. Was kostet das Abo des Online-Magazins?
   Es ist kostenlos.

9. Wo wird es gelesen?
   Überall auf der Welt/weltweit.

D Language

Tick (✓) the answer that fits in the gap.

Hinweis: Für jede richtige Antwort bekommst du einen Punkt. Hast du mehrere Möglichkeiten angekreuzt, erhältst du keinen Punkt.

1	a day	☑	2	visiting	☐	3	don't	☑	4	stand	☐
	a month	☐		visited	☐		doesn't	☐		stay	☑
	a year	☐		visit	☑		didn't	☐		do	☐
5	heart	☑	6	enjoy	☑	7	fashion	☐	8	Read	☐
	egg	☐		hate	☐		hair	☐		Watch	☑
	leg	☐		miss	☐		music	☑		Look	☐
9	do	☐	10	films	☑						
	were	☐		TVs	☐						
	are	☑		watches	☐						

E Text Production

Hinweis: Beachte bei der Text Production, dass du zwischen zwei Aufgaben (A oder B) wählen musst. Wenn du Aufgabe A nimmst, musst du jedoch zwei Aufgaben (1 und 2) bearbeiten, wobei du jeweils ca. 40 Wörter schreiben musst.

A

Hinweis: Hier musst du zwei kurze Texte verfassen. Achte darauf, alle Vorgaben in deine Texte einzubauen.

1. An invitation

Hi Peter,

Lisa Krüger has invited you to her party. She lives at Kiefernweg 3. If you like, you can bring a salad. But don't bring any alcohol! The party starts at 8 p.m. Lisa would be happy to see you.

See you, Anna

2. Sorry, it's late.

Dear Jenny,

I'm sorry that I forgot your birthday! I had a lot of work to do because I had to study for my final exams. I wish you all the best for your birthday, good health, and good luck for your exams in June.

Love, Julia

or:

B

Hinweis: *Beachte, hier alle Vorgaben in deinen Brief einzubauen. Da du von einem Ereignis in der Vergangenheit berichtest, verwendest du das simple past.*

Dear Steven,

I hope you're fine. Last weekend I went on a cycling trip to the lake near our campsite. We started our tour at 9 a.m. and went on a boat trip on the lake until 11 a.m. After cycling around the lake we were very tired. At 2 p.m. we had a break at a nice place. We had a fantastic picnic with hamburgers.
But when we went back at about 3 p.m., I had a flat tyre. Fortunately, it happened near the campsite.

Love, Melanie

Abschlussprüfungen an Hauptschulen in Hessen 2010
Englisch

A Listening Comprehension Test

1. Five announcements
Tick (✓) the right statement. There is only one possible answer.

Hinweis: *Für jede richtige Antwort bekommst du einen Punkt. Hast du mehrere Möglichkeiten angekreuzt, bekommst du keinen Punkt.*

Announcement 1: At the aquarium

The dolphin show starts at
- [x] 13.45.
- [ ] 14.15.
- [ ] 13.30.

Announcement 2: In the amusement park

You can go on the Thunderbolt Rollercoaster alone when you are
- [ ] 6.
- [ ] 11.
- [x] 12.

Announcement 3: In the department store

Today, you can save money on
- [ ] T-shirts.
- [ ] shirts.
- [x] shorts.

Announcement 4: At the tube station

Passengers travelling to Heathrow airport must take
- [ ] a train.
- [x] a bus.
- [ ] a plane.

Announcement 5: In the classroom

English is in the
- [ ] first lesson.
- [x] second lesson.
- [ ] third lesson.

2. Five conversations

Tick (✓) the right statement. There is only one possible answer.

Hinweis: *Für jede richtige Antwort bekommst du einen Punkt. Hast du mehrere Möglichkeiten angekreuzt, bekommst du keinen Punkt.*

Conversation 1

The school kitchen is closed because of
- [x] electrical problems.
- [ ] a personnel strike.
- [ ] current renovation.

Conversation 2

The keys are
- [ ] next to the bed.
- [ ] near the bed.
- [x] in the bed.

Conversation 3

To get to the beach you must pass the "Sunny Hotel" and then
- [ ] turn left.
- [x] turn right.
- [ ] walk straight on.

Conversation 4

Paula thinks Sarah should
- [ ] make a phone call.
- [x] write an e-mail.
- [ ] meet him personally.

Conversation 5

Dave is going to buy
- [x] a DVD.
- [ ] some make-up.
- [ ] a CD.

3. At the doctor's

Hinweis: *Für jede richtige Antwort bekommst du einen Punkt. Hast du beide Möglichkeiten angekreuzt, bekommst du keinen Punkt.*

a) **Tick (✓) true or false.**

	true	false
The boy calls the surgery in the afternoon.	☐	✓
He has got a temperature.	☐	✓
His nose is running.	✓	☐
He can see the doctor in the morning.	☐	✓
He has been to the surgery before.	☐	✓

b) **Tick (✓) the right statement. There is only one possible answer.**

The boy's name is
- ☐ Colin Kavanagh.
- ☐ Colleen Kavanagh.
- ☑ Collin Kavanagh.

His telephone number is
- ☑ 9 06 75 28.
- ☐ 9 06 72 58.
- ☐ 9 06 57 27.

His birthday is on
- ☐ 02 February 1992.
- ☑ 02 February 1994.
- ☐ 22 February 1994.

He is
- ☑ Canadian.
- ☐ British.
- ☐ Irish.

c) **Tick (✓) true or false.**

	true	false
The boy's head hurts.	✓	
The boy's ears hurt.		✓
The doctor checks his throat.	✓	
The boy should not play football.	✓	
He should take some medicine for his cough.	✓	
He should drink lemonade.		✓

B Reading Comprehension

1. Wikipedia: Knowledge by the people, for the people

a) **Answer the questions below. Give short answers.**

Hinweis: *Für jede verständliche und sinngemäß richtige Antwort bekommst du einen Punkt. Bei Rechtschreib- oder Grammatikfehlern werden dir keine Punkte abgezogen. Achte dennoch auf die richtige Schreibweise!*

What do you find in Wikipedia?
information on many topics

When did Wikipedia start?
in 2001

Who invented Wikipedia?
Jim Wales and Larry Sanger

What does the word "wiki" mean?
quickly

Why can't you trust all the information in Wikipedia?
There are serious errors. / Online vandals also (regularly) attack the site. / Anyone can help to write the site.

In how many languages can you get information from Wikipedia?
in more than 250 languages

b) **Complete the sentences with a word from the text.**

Hinweis: *Für jede richtige Antwort, die auch im Text vorkommt, bekommst du einen Punkt. Rechtschreib- oder Grammatikfehler zählen nicht.*

You can look for information in Google or you can **search** in Wikipedia

Something that is very big is **enormous**.

It is not complicated to use Wikipedia, it is **simple**.

There is wrong information in some Wikipedia articles, but Wikipedia employees correct most of these **errors**.

Some people like to attack and destroy the Wikipedia site. This behaviour is called **vandalism**.

People who work full-time for Wikipedia and get money for their work are **employees**.

2. Texting

a) **Who said what? Fill in the correct letters of the texts (A – H).**

Hinweis: *Für jede richtige Antwort bekommst du einen Punkt.*

WHO	must not bring electronic things to school?	**D**
	writes text messages in class because he/she is bored?	**B**
	doesn't write text messages in class because he/she doesn't have a mobile phone?	**G**
	thinks that it is impolite to the teachers if you text in class?	**H**
	doesn't write text messages in class but goes to the toilet for texting?	**C**

b) **Decide if the statements are true, false, or not given in the text.**

Hinweis: *Für jede richtige Antwort bekommst du einen Punkt. Hast du mehrere Möglichkeiten angekreuzt, bekommst du keinen Punkt.*

	true	false	not in the text
mt4gt wants to be sent home from school.	☐	☑	☐
Mayuki often sleeps in class.	☐	☑	☐
Applebum thinks it is too dangerous to text in class.	☑	☐	☐
IcyKen's teachers do not allow mp3 players.	☑	☐	☐
Mildlyinspiring answers all his messages.	☐	☑	☐
Superboxy tells the pupils to turn off the sound on the mobile phone so that they don't get caught.	☑	☐	☐
AznTacoLover thinks sending messages to classmates is not necessary.	☑	☐	☐
SakuBlosser likes his teachers.	☐	☐	☑

C Mediation

Hinweis: *Für jede verständliche und sinngemäß richtige Antwort bekommst du einen Punkt. Bei sprachlichen Fehlern wird dir kein Punkt abgezogen, sofern man versteht, was gemeint ist, und sofern die Aussage dem Text inhaltlich entspricht.*

Deine Eltern möchten Folgendes wissen:

1. Wann haben sie die Möglichkeit, das Musical zu besuchen? (Nenne mögliche Tage und Uhrzeiten.)
   Am Samstag um 3 Uhr nachmittags (15.00 Uhr) oder um 7.30 Uhr abends (19.30 Uhr)
2. Wie viel kostet die Eintrittskarte für diese Vorstellungen? **£ 62.50**
3. Wie können sie an Eintrittskarten kommen?
   Über das Internet (online) oder über das Telefon
4. Deine Eltern wollen mit der U-Bahn fahren. Wo müssen sie aussteigen?
   An der Haltestelle Covent Garden
5. Wie lange dauert das Musical? **2 Stunden und 25 Minuten (mit einer Pause)**
6. Können deine Eltern Unterkunft und Theaterbesuch zusammen buchen? **Ja**
   Hinweis: *"theatre and hotel packages"*

7. Aus welchem Jahr stammt der Film „Dirty Dancing“? **1987**
8. Wer spielte die Hauptrollen im Film? **Patrick Swayze und Jennifer Grey**
9. Wie heißt die Ferienanlage, in der der Film spielt? **Kellerman's**
10. In welchem Jahr spielt die Geschichte? **1963**

D Use of Language

1. Tick (✓) the correct word.

Hinweis: *Für jede richtige Antwort bekommst du einen Punkt. Hast du mehrere Möglichkeiten angekreuzt, bekommst du keinen Punkt.*

a) Susan lost her mobile phone
- ☐ tomorrow.
- ☑ yesterday.
- ☐ next week.

b) She wants to ask her mum for … money to buy a new one.
- ☑ some
- ☐ any
- ☐ many

c) Her mother is very
- ☑ angry.
- ☐ angrily.
- ☐ angrier.

d) She wants to know … Susan lost it.
- ☑ where
- ☐ who
- ☐ what

e) Susan tells her that she lost it when she … shopping the day before.
- ☐ goes
- ☐ has gone
- ☑ went

f) She even went back to all the shops to look for it, but she could not find it
- ☐ somewhere.
- ☑ anywhere.
- ☐ everywhere.

g) Her mother thinks that Susan … report it to the police.
- ☐ have to
- ☐ need to
- ☑ must

h) It was the
- [ ] more modern
- [x] most modern
- [ ] less modern

model on the market and very expensive.

i) Her mum says that Susan should work for the money to buy a new one. Susan is upset. What
- [x] is she going
- [ ] she wants
- [ ] has she

to do?

k) All the other
- [ ] child
- [x] children
- [ ] children's

in her class can make phone calls and write messages.

2. Say it in English

Hinweis: Für jede verständliche und sinngemäß richtige Antwort bekommst du einen Punkt. Rechtschreibfehler zählen nicht. Bei Grammatikfehlern bekommst du keinen Punkt, wenn man deinen Satz nicht mehr versteht, oder wenn du ein falsches Fragewort verwendet hast. Ist der Sinn der Antwort noch verständlich, wird nur ein halber Punkt abgezogen. Achte auch darauf, in ganzen Sätzen zu antworten.

Was sagst du auf Englisch in den folgenden Situationen?
Schreibe ganze Sätze.

Du möchtest wissen,

a) wann der nächste Zug nach Bristol geht: **When is the next train to Bristol?**

b) wie teuer eine Fahrkarte ist: **How much is the ticket? / How much does the ticket cost?**

c) wo der Zug abfährt: **Where does the train leave? / Which platform does the train leave from?**

d) ob du dein Fahrrad mitnehmen kannst: **Can I take my bike/bicycle?**

e) ob es eine Bäckerei oder ein Restaurant am Bahnhof gibt:
Is there a bakery/restaurant at the station?

E Text Production

Hinweis: Beachte bei der Text Production, dass du zwischen zwei Aufgaben wählen musst.

A

Hinweis: Achte beim Verfassen der E-Mail darauf, auf alle Fragen deines Austauschpartners/deiner Austauschpartnerin einzugehen. Vergiss auch Anrede und Schluss nicht! Denke dir einen Namen für deinen Austauschpartner aus.

A visit to Germany

Dear Sam,

Thank you for your mail! My family is quite ok. I live in a house with my mother and her boyfriend and my sister.
At the moment it's very cold. So don't forget to bring warm clothes.
I usually have lessons until one o'clock with two breaks. On Monday I also have two lessons in the afternoon. Before that I have lunch at the school cafeteria. My favourite subject is maths.
In my free time I like playing football and watching TV.
I'm looking forward to your next letter.

Best wishes,
(your name)

B

Hinweis: Achte beim Verfassen der E-Mail darauf, auf alle Punkte einzugehen. Vergiss auch Anrede und Schluss nicht! Denke dir einen Namen für deinen Freund oder deine Freundin aus.

Mobile phones

Dear Lisa,

My mobile phone is not very modern, but I can take pictures and send text messages.
I have to pay for my mobile myself. I usually pay € 30 a month.
Most of the time I call my boyfriend – at least twice a day. I only send text messages when I can't reach someone by phone. Talking to somebody is much nicer.
I don't think I could live without my mobile any more!

Yours, / Love, (your name)

Abschlussprüfungen an Hauptschulen in Hessen 2011
Englisch

A Listening Comprehension

1. Five announcements
Tick (✓) the right statement. There is only one possible answer.

Hinweis: *Für jede richtige Antwort bekommst du einen Punkt. Hast du mehrere Möglichkeiten angekreuzt, bekommst du keinen Punkt.*

Announcement 1: At the holiday camp
The soccer match starts at
- ☐ 13.30.
- ☐ 14.00.
- ☑ 14.30.

Announcement 2: At the hotel
To take part in the "Aloha Disco" you should be between
- ☐ 6 and 12.
- ☑ 13 and 19.
- ☐ 20 and 99.

Announcement 3: At the supermarket
Today you can save money on
- ☐ cookies.
- ☑ donuts.
- ☐ pastries.

Announcement 4: At the airport
The flight to New York will be
- ☐ on time.
- ☐ early.
- ☑ late.

Announcement 5: At the train station
You get to the Glastonbury Music Festival
- ☑ by taxi.
- ☐ by bus.
- ☐ on foot.

2. Five conversations
Tick (✓) the right statement. There is only one possible answer.

Hinweis: *Für jede richtige Antwort bekommst du einen Punkt. Hast du mehrere Möglichkeiten angekreuzt, bekommst du keinen Punkt.*

Conversation 1

The Cliffs of Moher are
- ☐ in the north of Ireland.
- ☐ in the south of Ireland.
- ☑ in the west of Ireland.

Conversation 2

The name of the band is
- ☐ Delize.
- ☑ Delyth.
- ☐ Delith.

Conversation 3

The butter is
- ☐ behind the eggs.
- ☐ behind the jam.
- ☑ behind the milk.

Conversation 4

To get to the tourist information office you must walk back and
- ☐ take the third street on the right.
- ☑ take the third street on the left.
- ☐ take the High Street and walk straight on.

Conversation 5

The boy has hurt his
- ☐ knees.
- ☑ nose.
- ☐ toes.

3. At a Bed and Breakfast

Hinweis: *Für jede richtige Antwort bekommst du einen Punkt. Rechtschreibfehler zählen nicht. Achte dennoch auf die richtige Schreibweise! Schreibe nur das auf, für was sich Herr Müller schließlich entscheidet.*

a) **Write down five of the things Mr Müller would like for breakfast.**
For breakfast, Mr Müller would like **sausages / bacon / eggs/ (grilled) tomatoes / mushrooms /** (**fried**) **bread / toast / jam / coffee / tomato juice**.

b) **Tick (✓) the right statement. There is only one possible answer.**

Hinweis: *Für jede richtige Antwort bekommst du einen Punkt. Hast du mehrere Möglichkeiten angekreuzt, bekommst du keinen Punkt.*

Yesterday, Mr Müller was at
- ☑ the Tower of London.
- ☐ the British Museum.
- ☐ the Tate Gallery.

Today, the weather is
- ☐ sunny.
- ☑ rainy.
- ☐ snowy.

The Sherlock Holmes Museum is in
- ☐ Marylebone Road.
- ☐ Westminster Bridge Street.
- ☑ Baker Street.

Today, Mr Müller will visit
- ☐ the Sherlock Holmes Museum.
- ☐ Madame Tussauds.
- ☑ the London Eye.

c) **Match the sentence parts. Be careful – there is one ending more than you need.**

Hinweis: *Für jede richtige Zuordnung bekommst du einen Punkt.*

1	2	3	4	5	6
f	g	a	d	c	e

B Reading Comprehension

1. First love

a) **Fill in the grid with <u>one</u> detail per box.**

Hinweis: *Nur verständliche und inhaltlich richtige Antworten werden bewertet.*

	Emily Brown	Andrew Rivers
height	**five feet two inches**	six feet one inch
hair	**brown**	**black/curly**
eyes	**brown**	**blue**
good at	swimming	**singing**

b) **Answer the questions below. Give short answers.**

Hinweis: *Du musst zwar nicht in ganzen Sätzen antworten, aber nur verständliche und inhaltlich richtige Antworten werden bewertet.*

Where did Emily and Andrew meet?
(They met) at school

Why did Emily fall in love with Andrew?
He was good at singing. / He was a good singer. / His singing made her laugh and cry.

When did Andrew ask Emily out for a date?
(about) two months before the end of high school

What was Emily's reaction when Andrew asked her out?
She had no idea what his intentions were (and she didn't like that) / She didn't (know how to) say no. / She was surprised.

Why did some pupils at Emily's school have dates?
(only) for dances and (for) kissing

What did Emily do in the end?
She (went up to him and) talked to him. / She went out with him.

2. Teenage Love?

a) **The following words have various meanings. Which of the meanings is the one used in the text?**

Tick (✓) the correct German meaning. There is only one possible answer.

as (line 8): ☑ weil *mistake* (line 23): ☑ verwechseln

Write down the German meaning as used in the text.

between (line 5): **zwischen**

age (line 13): **Alter**

break up (line 16): **sich trennen / Schluss machen / eine Beziehung beenden**

sight (line 17): **Blick**

b) **Who says what? Fill in the correct letters of the texts (A – H).**

WHO	thinks that love doesn't exist?	**F**
	says that teenagers use the word "love" too often?	**A**
	believes that love can end because people change?	**G**
	says that loving has nothing to do with how old you are?	**E**
	met a guy while shopping?	**D**
	thinks that many teenagers only care about other people's looks?	**H**
	wonders if teenagers aren't too young to know what real love is?	**B**

C Mediation

Hinweis: Du musst keine vollständigen Sätze schreiben, aber nur verständliche und inhaltlich richtige Antworten werden bewertet. Hier sind verschiedene Lösungsmöglichkeiten angegeben.

Beantworte die Fragen deines Bekannten kurz auf Deutsch.

a) An welchen Tagen können wir mit dem Ausflugsboot fahren?
an allen Tagen, außer am 25. Dezember (**am ersten Weihnachtsfeiertag**)

b) An welchen Sehenswürdigkeiten kommt man auf der Tour vorbei? (Nenne zwei.) **Houses of Parliament / the London Eye / St. Paul's Cathedral / Tower Bridge / Millennium Footbridge**

c) Wer erklärt uns eigentlich, was wir vom Ausflugsboot aus sehen? Wir können ja nicht so gut Englisch.
Es gibt auch Kommentare auf Deutsch über Kopfhörer (**Audio-guides**).

d) Wie viel kostet das Ticket für Erwachsene? Wie viel kostet es für Kinder?
Erwachsene zahlen 13 Pfund, Kinder die Hälfte (**6,50 Pfund**).

e) Wo können wir die Tickets kaufen? (Nenne zwei Möglichkeiten.)
online / im Internet / am Ticket-Schalter *(ticket office)*

f) Wie lange dauern die Fahrten?
Die kürzeste Fahrt dauert 20 – 30 Minuten, die (**gesamte**) **Rundfahrt bis zu drei Stunden.**

g) Was gibt es dort zu essen und zu trinken? (Nenne zwei Dinge.)
Hot dogs / Sandwiches / Chips / Erfrischungsgetränke

h) Wo fahren die Boote ab? (Nenne eine Stelle.)
Westminster Pier / London Eye Pier / Tower Pier / Greenwich Pier

D Use of Language

1. Tick (✓) the correct box.

Hinweis: Für jede richtige Antwort bekommst du einen Punkt. Hast du mehrere Möglichkeiten angekreuzt, bekommst du keinen Punkt

a) Susan opened an account on Facebook
- ☑ last week.
- ☐ tomorrow.
- ☐ next year.

b) She signed up
- [ ] while
- [x] because
- [ ] why

she wanted to chat with her friends and make new friends.

c) She
- [ ] not gave
- [ ] gave not
- [x] did not give

her address.

d) Nobody should know
- [ ] what
- [ ] who
- [x] where

she really lives.

e) She chose "Lady Gaga" as a nickname. Nobody must know
- [ ] how
- [x] what
- [ ] where

her real name is.

f) Yesterday a young boy
- [ ] contacts
- [x] contacted
- [ ] contact

her.

g) She wrote back to
- [x] him.
- [ ] he.
- [ ] his.

h) Her message
- [ ] has answered
- [ ] answered
- [x] was answered

immediately.

i) The boy asked:
- [ ] "Want you
- [x] "Do you want
- [ ] "Will you

to meet me?"

k) Of course "Lady Gaga" said 'no', because she thinks you
- [x] must not
- [ ] have not
- [ ] does not

date somebody you met online.

2. Say it in English

Hinweis: *Lies dir die Situationen genau durch. Durch die Beschreibung und die Antworten im Dialog kannst du erschließen, was du ergänzen musst. Deine Lösungen müssen verständlich und inhaltlich richtig sein.*

Du bist im Urlaub in Irland und musst folgende Situationen meistern. Ergänze die folgenden Dialoge mit geeigneten Sätzen oder Fragen.

Situation 1:	**Du hast Kopfschmerzen und gehst in eine Apotheke.**
Chemist:	Hello. How can I help you?
You:	**I've got / I have a headache. (Do you have some medicine?)**
Chemist:	Here are some tablets.
You:	Thank you. **How much are they? / How much do they cost?**
Chemist:	They cost € 1.80.
You:	Here you are, thank you.
Situation 2:	**Dein Koffer ist kaputt gegangen und du fragst in einem Geschäft, ob es dort Koffer gibt.**
Shopkeeper:	Hello. What can I do for you?
You:	**I'm looking for a suitcase. / I need a (new) suitcase. / Do you have suitcases? / My suitcase is broken. Do you sell any?**
Shopkeeper:	No sorry, we do not have any.
You:	What a pity, do you know where I can get them?
Shopkeeper:	Yes, right next door.
Situation 3:	**Du suchst die nächste Bushaltestelle, ein Polizist spricht dich an.**
Policeman:	You're looking lost, can I help you?
You:	Oh yes, please. **Can you tell me the way to the next bus stop? / Can you tell me where the next bus stop is? / I'm looking for the next bus stop.**
Policeman:	Oh, it's just around the corner.
You:	Thank you, great.
Situation 4:	**Du hast dir einen Hamburger bestellt, magst aber keine Tomaten.**
Waiter:	So, that's a burger and a coke, isn't it? How would you like your burger?
You:	**Without tomatoes, please. / Could I have it without tomatoes, please?**
Waiter:	That's OK, we won't put any on it.
You:	OK. Thanks a lot.

E Text Production

Hinweis: Beachte, dass du zwischen zwei Aufgaben wählen musst. Wählst du die erste Aufgabe, musst du wiederum entscheiden, welche Mail du schreiben willst.

After their first date

Hinweis: Gehe auf alle Angaben ein. Vergiss auch Anrede und Schluss nicht! Für Anregungen kannst du auch noch einmal den Text „First Love" durchlesen. Die hier angegebenen Mails beschreiben jeweils ein anderes Date, anstatt dasselbe Treffen aus verschiedenem Blickwinkel zu beschreiben. So hast du mehr Vorschläge, was man schreiben könnte.

Hi Charlie,

I asked her to go out with me! The girl I told you about. Her name is Emily and she is so cute. We met at the station and then we went into a café nearby. I was so excited that I didn't know what to say at first. I was glad that she was talking all the time. She said that she really liked it when I was singing. I hope she has the same feelings for me as I have for her. We would have a good time together.

See you,
Andrew

Hi Paula,

Yesterday I met him! Andrew, the boy I told you about. We met in front of the disco at about 9 p.m. We just sat down and talked about school and other stuff. He took my hand and later we kissed. It was great. I think I've fallen in love with him, but I don't know about him. I hope so much that we'll stay together! I don't want to date somebody just for dancing and kissing. He should also be my friend.

Love,
Emily

Work at home

Hinweis: Gehe auf alle Angaben ein. Auch das Bild kann dir Anregungen geben.

My name is … I'm 15 years old and I often help my mum and dad to do the housework. I clean the floor, I dust the furniture or I unload the dishwasher. When my dad cleans our car, I sometimes help him, too. I don't get money for my jobs. My little brothers never help my parents. That's not fair! I think that children should help their parents because they do a lot for their children, too.

Ihre Meinung ist uns wichtig!

Ihre Anregungen sind uns immer willkommen. Bitte informieren Sie uns mit diesem Schein über Ihre Verbesserungsvorschläge!

Titel-Nr.	Seite	Vorschlag

Bitte hier abtrennen

Lernen • Wissen • Zukunft
STARK

Bitte hier abtrennen

Zutreffendes bitte ankreuzen!

Die Absenderin/der Absender ist:

- ☐ Lehrer/in in den Klassenstufen: ____
- ☐ Fachbetreuer/in
  Fächer: ____
- ☐ Seminarlehrer/in
  Fächer: ____
- ☐ Regierungsfachberater/in
  Fächer: ____
- ☐ Oberstufenbetreuer/in
- ☐ Schulleiter/in
- ☐ Referendar/in, Termin 2. Staatsexamen: ____
- ☐ Leiter/in Lehrerbibliothek
- ☐ Leiter/in Schülerbibliothek
- ☐ Sekretariat
- ☐ Eltern
- ☐ Schüler/in, Klasse: ____
- ☐ Sonstiges: ____

Unterrichtsfächer: (Bei Lehrkräften!)

____

Kennen Sie Ihre Kundennummer?
Bitte hier eintragen.

Absender (Bitte in Druckbuchstaben!)

Name/Vorname

Straße/Nr.

PLZ/Ort/Ortsteil

Telefon privat

Geburtsjahr

E-Mail

Schule/Schulstempel (Bitte immer angeben!)

21-VT6

Bitte ausfüllen und im frankierten Umschlag an uns einsenden. Für Fensterkuverts geeignet.

STARK Verlag
Postfach 1852
85318 Freising

Sicher durch alle Klassen!

Schülergerecht aufbereiteter Lernstoff mit anschaulichen Beispielen, abwechslungsreichen Übungen und erklärenden Lösungen. Schließt Wissenslücken, gibt Sicherheit und Motivation durch Erfolgserlebnisse.

Mathematik Hauptschule

Mathematik Grundwissen 5. Klasse	Best.-Nr. 934051
Mathematik Grundwissen 6. Klasse	Best.-Nr. 93405
Mathematik Grundwissen 7. Klasse	Best.-Nr. 93407
Mathematik Grundwissen 8. Klasse	Best.-Nr. 93408
Mathematik Grundwissen 9. Klasse	Best.-Nr. 93409
Klassenarbeiten Mathematik 5. Klasse	Best.-Nr. 1030001
Klassenarbeiten Mathematik 6. Klasse	Best.-Nr. 1030002
Übertritt Mathematik 4. Klasse	Best.-Nr. 9950401
Kompakt-Wissen Hauptschule Grundlagen der Mathematik	Best.-Nr. 934001

Deutsch Hauptschule

Deutsch Grundwissen 5. Klasse	Best.-Nr. 93445
Deutsch Grundwissen 6. Klasse	Best.-Nr. 93446
Deutsch Grundwissen 7. Klasse	Best.-Nr. 93447
Deutsch Grundwissen 8. Klasse	Best.-Nr. 93448
Textaufgabe 8.–10. Klasse	Best.-Nr. 93441
Deutsch Rechtschreibung 5.–10. Klasse	Best.-Nr. 934411
Deutsch – Diktate 9./10. Klasse mit 2 CDs	Best.-Nr. 93444
Übertritt Deutsch 4. Klasse mit CD	Best.-Nr. 9954401
Kompakt-Wissen Hauptschule Deutsch Aufsatz	Best.-Nr. 934401

Arbeitshefte Hauptschule

Arbeitsheft VERA 8 Mathematik Version A: Hauptschule	Best.-Nr. 9350001
Arbeitsheft VERA 8 Deutsch Version A: Hauptschule mit MP3-CD	Best.-Nr. 9354005
ohne MP3-CD	Best.-Nr. 9354001
Arbeitsheft Deutsch 10. Klasse Hauptschule Mensch und Natur – Recht und Gerechtigkeit	Best.-Nr. 9354015
Arbeitsheft Deutsch als Zweitsprache – Grundkurs Lernfeld 1: „Ich und du" mit MP3-CD	Best.-Nr. 1055401
Arbeitsheft Deutsch als Zweitsprache – Grundkurs Lernfeld 2: „Lernen" mit MP3-CD	Best.-Nr. 1055403
Arbeitsheft VERA 8 Englisch Version A: Hauptschule mit MP3-CD	Best.-Nr. 9355005
ohne MP3-CD	Best.-Nr. 9355001
Arbeitsheft Bildungsstandards Englisch Reading Mittlerer Schulabschluss B1	Best.-Nr. 101550

VERA 8

VERA 8 – Mathematik Version A: Hauptschule	Best.-Nr. 935082
VERA 8 – Deutsch mit MP3-CD Version A: Hauptschule	Best.-Nr. 935482
VERA 8 – Englisch mit MP3-CD Version A: Hauptschule	Best.-Nr. 935582

Englisch Hauptschule

Englisch Grundwissen 5. Klasse	Best.-Nr. 93455
Englisch Grundwissen 9. Klasse	Best.-Nr. 93451
Englisch Hörverstehen 9. Klasse mit MP3-CD	Best.-Nr. 93452
Klassenarbeiten Englisch 5. Klasse mit MP3-CD	Best.-Nr. 1035551
Kompakt-Wissen Hauptschule Englisch Themenwortschatz	Best.-Nr. 934501
Kompakt-Wissen Hauptschule Englisch Grundwortschatz	Best.-Nr. 934502

Sprachenzertifikat Englisch

Sprachenzertifikat Englisch Niveau B1 mit Audio-CD	Best.-Nr. 105550
Sprachenzertifikat Englisch Niveau A2 mit Audio-CD	Best.-Nr. 105552

Fachübergreifend Hauptschule

Training Grundwissen Geschichte/Sozialkunde/Erdkunde	Best.-Nr. 93481
Training Grundwissen Arbeit/Wirtschaft/Technik	Best.-Nr. 93485

Von der Schule in den Beruf

- ✔ Für eine optimale Vorbereitung in kürzester Zeit
- ✔ Bewerbungsmappen schreiben und gestalten
- ✔ Einstellungstests trainieren
- ✔ Erfolgreich ins Vorstellungsgespräch

Die perfekte Bewerbungsmappe für Ausbildungsplatzsuchende mit CD-ROM	Best.-Nr. E10003
Testtraining für Ausbildungsplatzsuchende	Best.-Nr. E10202
Hesse/Schrader – Training Schriftliche Bewerbung mit CD-ROM	Best.-Nr. E10062
Hesse/Schrader – Training Vorstellungsgespräch mit CD-ROM	Best.-Nr. E10063

(Bitte blättern Sie um)